ÖSTERREICHISCHE AKADEMIE DER WISSENSCHAFTEN
MATHEMATISCH-NATURWISSENSCHAFTLICHE KLASSE
DENKSCHRIFTEN, 114. BAND

DAS VERHÄLTNIS FISCHLÄNGE—SCHUPPENLÄNGE EINIGER WIRTSCHAFTLICH BEDEUTENDER CLUPEIDEN DES ATLANTIK

VON

OSKAR NAWRATIL

Mit 56 Tabellen und 10 Diagrammen

(Vorgelegt in der Sitzung der m.-n. Klasse am 27. Juni 1969 durch das k. M. Marinelli)

WIEN 1969

IN KOMMISSION BEI SPRINGER-VERLAG, WIEN/NEW YORK
DRUCK: CHRISTOPH REISSER'S SÖHNE AG, 1051 WIEN, ARBEITERGASSE 1—7

ISBN-13:978-3-211-86355-8
DOI: 10.1007/978-3-7091-5639-1

e-ISBN-13:978-3-7091-5639-1

Berlin
Verlag von Julius Springer
1969

Druck: Christoph Reisser's Söhne AG, 1051 Wien, Arbeitergasse 1—7

Inhalt

I. **Einleitung**

II. **Methode**

  1. Allgemeines
    a) Messung
    b) Schuppenentnahme
    c) Bearbeitung des Schuppenmaterials

  2. Sammlung der Proben

III. **Das Verhältnis Fischlänge—Schuppenlänge**

  1. Allgemeines

  2. Besprechung der einzelnen Arten und Gruppen
    a) *Sardinops ocellata*
    b) *Sardina pilchardus*
    c) *Clupea harengus*
      i) Ostseehering
      ii) Islandhering (Nord- und Südhering)
        Anhang: Nordnorwegischer Hering
      iii) Kanalhering
      iv) Nordsee-Bank-Hering (Buchan-Gruppe)

  3. Anwendungsmöglichkeiten des Verhältnisses Fischlänge—Schuppenlänge für die Altersbestimmung

  4. Vergleich des Verhältnisses Fischlänge—Schuppenlänge und der jährlichen Wachstumsraten aller besprochenen Clupeiden-Gruppen

IV. **Zusammenfassung**

V. **Literatur**

I. Einleitung

In den Jahren 1957 bis 1963 wurden Untersuchungen an einigen atlantischen Clupeidenarten und -gruppen („Laichgemeinschaften") von wirtschaftlicher Bedeutung ausgeführt. Im Verlaufe dieser Arbeiten hatte sich erstmals bei *Sardinops ocellata* herausgestellt, daß das Verhältnis Fischlänge—Schuppenlänge für jede einzelne Altersgruppe innerhalb bestimmter Grenzen weitgehend konstant war. Es konnte deshalb unmittelbar zur Altersbestimmung dieser Art verwendet werden.

Auf Grund dieser Gegebenheit wurden die Untersuchungen auf andere Arten und Laichgemeinschaften ausgedehnt. Die Zielsetzung war, nach Möglichkeit für jede Gruppe einen Schlüssel Fischlänge — Schuppenlänge aufzustellen, mittels welchem die Zusammensetzung der Altersklassen in einer Untersuchungsreihe festgestellt werden konnte. Bei Verwendung desselben Schlüssels von allen an der Untersuchung einer Fischgruppe beteiligten Institute und Bearbeiter wäre damit erstmals die Möglichkeit gegeben, die Altersbestimmung in vollkommener Übereinstimmung durchzuführen. Da das Alter eines Fisches aus dem Vergleich einfacher Meßwerte abgelesen werden könnte, wäre die Subjektivität, mit welcher ein Beobachter nach der orthodoxen Methode der Altersbestimmung an Hand der „Winterringe" an den Schuppen einen Ring für einen echten Jahresring hält und ein anderer nicht, ausgeschaltet gewesen.

Eine derartige Schlüsseltabelle, die allen statistischen und praktischen Anforderungen gerecht würde, konnte, wie bereits erwähnt, erstmals für *Sardinops ocellata* aufgestellt werden. Das Zahlenmaterial wurde aus der Untersuchung täglicher Proben aus den kommerziellen Fängen der Kutter bei Walvis Bay, Südwestafrika, in einem Zeitraum von mehr als drei Jahren (April 1957 bis Mai 1960) in den Government Fisheries Laboratories gewonnen und kann als völlig abgesichert betrachtet werden.

Da das Ergebnis der Untersuchungen des Verhältnisses Fischlänge—Schuppenlänge für *Sardinops ocellata* ein derart günstiges war und ihm in der Fischereibiologie praktische Bedeutung gleichermaßen wie wissenschaftliches Interesse zukam, wurde im August 1960 und 1961 mit gleichlaufenden Untersuchungen an *Sardina pilchardus* begonnen. Die Sammlung des Probenmaterials vom Institut za Biologiju Mora in Rovinj, Jugoslawien, aus, wie auch die spätere Ausarbeitung in der Fischsammlung des Naturhistorischen Museums in Wien wurde dem Verfasser durch Zuerkennung eines Förderungspreises des „Theodor-Körner-Stiftungsfonds zur Förderung von Wissenschaft und Kunst" 1961 ermöglicht, wofür dem Kuratorium an dieser Stelle herzlichster Dank ausgesprochen sei.

Die Weiterführung der Arbeit mit verschiedenen Rassen und Laichgemeinschaften von *Clupea harengus* (Ostseehering, Islandhering, Kanalhering und Bank-Hering) von 1961 bis 1963 verdankt der Verfasser der Gewährung eines Forschungsstipendiums der Hydrobiologischen Anstalt der Max-Planck-Gesellschaft in Plön, und mit ehrlicher Freude möchte ich ihrem verehrten Direktor, Herrn Prof. Dr. H. Sioli, für die gebotene Arbeitsmöglichkeit und sein immer gezeigtes Verständnis danken.

Dank gebührt auch Herrn Dr. K. Schubert vom Institut für Seefischerei in Hamburg, der eine Mitfahrgelegenheit auf dem Fischereiforschungsschiff „Anton Dohrn" zur Verfügung stellte und damit wesentlich zur Gewinnung des Probenmaterials vom Kanalhering beitrug sowie für die gebotene Möglichkeit, das Zahlenmaterial mittels der IBM-Lochkartenmaschine des Instituts auszuwerten.

Herrn Dr. Schubert und Herrn Prof. R. Kändler verdanke ich darüber hinaus viele wertvolle Hinweise, die sie mir während der Bearbeitung der Nord- und Ostseeheringe zukommen ließen. Schließlich unterzogen sich Prof. Kändler und Dr. Schubert der Mühe, die Gesamtarbeit nach Fertigstellung kritisch durchzusehen, wofür ich herzlich danke.

Herr Vilhjamur Gudmundsson, Direktor der Fischmehlfabrik in Siglufjördur, Island, und Herr Paul Otte, Direktor der Bremen-Vegesacker Fischerei-Gesellschaft, stellten einen Arbeitsplatz im chemischen Laboratorium der Fischfabrik bzw. Mitfahrgelegenheit und Arbeitsplatz auf Logger BV 80 „Hannover" zur Verfügung und halfen dadurch bei der Materialgewinnung. Schließlich sei Herrn Dir. John Johnsson und Herrn Dr. Jakob Magnusson vom Fiskideild in Reykjavik für die Überlassung des Arbeitsplatzes im Fischereiinstitut herzlich gedankt.

Zuletzt aber nicht am letzten gilt mein Dank all den Kapitänen, Steuerleuten und Fischern, die oftmals unter Hintansetzung eigener Interessen, die Fische zur Verfügung stellten und dadurch die Ausführung der Arbeit ermöglichten.

II. Methode

1. Allgemeines

a) Die Messung der Fische wurde auf einem Meßbrett mit einer Unterteilung für jeden halben Zentimeter ausgeführt, die Zwischenwerte auf Millimeter wurden geschätzt.

Gemessen wurde von allen Tieren die Totallänge Lt und die Körperlänge Lc.

Die Totallänge Lt ist die Länge des Fisches von der Schnauzenspitze bis zum äußersten Ende der zusammengelegten Schwanzflosse. Wenn im folgenden von Fischlängen gesprochen wird, so ist immer diese Totallänge Lt gemeint. Die Körperlänge Lc ist die Länge des Fisches von der Schnauzenspitze bis zum Ende der caudal peduncle, dem Ansatz der Schwanzflosse, welcher durch Entfernen der letzten seitlichen Schuppen freigelegt und sichtbar gemacht wurde.

Die Längenangaben L_I, L_{II}, L_{III} usw. sind rückberechnete Fischlängen bei vollen Jahren.

Alle Fischlängenangaben erfolgen in cm.

b) Die Schuppenentnahme erfolgte bei allen untersuchten Tieren an der von LEA vorgeschlagenen Stelle. Diese liegt bei den Clupeiden unter dem vorderen Ansatz der Rückenflosse in der Region der Seitenlinie. Grundsätzlich wurden von allen Fischen zwölf Schuppen entnommen, und zwar sechs von der linken und sechs von der rechten Körperseite. Die verarbeiteten Meßwerte der Schuppen stellen gemittelte Werte von wenigstens sechs Schuppen je eines Tieres dar. Um der Gefahr vorzubeugen, weniger als die für die spätere Messung nötige Mindestzahl von sechs brauchbaren Schuppen im gesammelten Material zu haben, wurden von besonders großen und augenscheinlich alten Tieren nach Möglichkeit mehr als zwölf Schuppen gesammelt. Ältere Tiere besitzen erfahrungsgemäß relativ mehr regenerierte Schuppen als jüngere. Schuppen, die von vornherein mit dem freien Auge als deformiert oder als Regenerationsschuppen erkenntlich waren, wurden gleich bei der Probensammlung ausgeschieden. Besaß ein Fisch an der bezeichneten Stelle der beiden Körperseiten weniger als zwölf Schuppen, so wurde er von der Untersuchung ausgeschieden. Ausnahmen von dieser Regel wurden nur in wenigen Einzelfällen gemacht, wenn es sich um die kleinsten im Fang vorhandenen Individuen handelte. Um auch von diesen Tieren, die „per Zufall" mitgefangen wurden, da die Netzmaschenweite auf sie noch nicht wirksam wird, wenigstens einige Proben zu erhalten, wurden sie auch dann mitgesammelt, wenn nur weniger als zwölf Schuppen gewonnen werden konnten.

Schließlich mußte aus Gründen des Zeitmangels bei der Probensammlung des Bank-Herings von vornherein auf die Entnahme von zwölf Schuppen verzichtet werden. Von dieser Laichgemeinschaft wurden nur sechs Schuppen je Tier gesammelt. Die Schuppen-Meßwerte stellen daher nicht in allen Fällen das Mittel aus sechs Schuppen je Tier dar, sondern meistens aus nur drei bis fünf, in einigen Fällen aus nur zwei. War nur eine brauchbare Schuppe vorhanden, dann wurde diese Probe aus der Untersuchung herausgenommen.

Die bei der Probensammlung gewonnenen Schuppen wurden in Pergamenttüten aufbewahrt.

c) Die Bearbeitung des Schuppenmaterials wurde jeweils im Laboratorium vorgenommen. Soweit dies nicht schon bei der Probensammlung geschehen war, wurden die Schuppen gereinigt. Die anhaftende Epidermis und Schmutz wurden in einer lauwarmen schwachen Sodalösung abgewaschen. Bei einzelnen Arten (*Sardina pilchardus*) erwies es sich als notwendig, die Schuppen nach dieser Behandlung in einem Xylol-Alkohol-Bad von dem anhaftenden Fett zu befreien, da dieses die spätere mikroskopische Untersuchung durch Veränderung der Lichtbrechung erschwerte.

Die so gereinigten und getrockneten Schuppen wurden wieder in Pergamenttüten aufbewahrt oder im Falle des Kanalherings mit Eiweiß auf Objektträger geklebt. Für die mikroskopische Untersuchung wurden sie sodann — soweit nicht bereits auf Objektträger geklebt — in einen kleinen Rahmen zwischen zwei Glasplatten gepreßt. Die Größe des Rahmens war so gehalten, daß er die zwölf Schuppen jeweils eines Tieres gleichzeitig aufnehmen konnte. An den derart flachgepreßten Schuppen wurde schließlich im Binokular die Altersbestimmung an Hand der „Winterringe" vorgenommen. Mittels Okularmikrometer wurden bei einer 16- bis 32fachen Vergrößerung die Wachstumszonen der einzelnen Jahre (Or I, Or II, Or III usw.) sowie die Totallänge der Schuppen gemessen. Die Messungen erfolgten jeweils vom Zentrum ausgehend entlang des größten oralen Radius.

Wenn im folgenden von Schuppenlängen gesprochen wird, so sind immer Meßwerte entlang dieses größten oralen Radius gemeint.

2. Sammlung der Proben

Sardinops ocellata (PILCHARD). Die Proben stammten aus Ringwadenfängen 60 bis 80 verschiedener Fischkutter in Walvis Bay, Südwestafrika. Insgesamt wurden von 1957 bis 1960 mehr als 20.000 Fische in den Government Fisheries Laboratories der südwestafrikanischen Administration untersucht. Während der Fischereisaison von Februar bis November wurde täglich eine Probe von 50 Fischen bearbeitet. Die Proben wurden einem beliebigen Fischkutter wahllos entnommen, und zwar vor dem Beginn des Entladevorganges. Die Messung der Fische und die Schuppenentnahme erfolgte im Laboratorium.

Die zur Bearbeitung gelangenden Proben waren in allen Fällen nur wenige Stunden alt, da die Fischereiflotte bei Sonnenuntergang ihre Ankerplätze verläßt und in den darauffolgenden frühen Morgenstunden den Fang anlandet. Da der Fang der einzelnen Netzauswürfe im Lagerraum der Kutter übereinander zu liegen kommt, bei jedem Auswurf aber Fische aus nur einer Schule erbeutet werden, so ist mit hoher Wahrscheinlichkeit anzunehmen, daß bei der durchgeführten Art der Probenentnahme jede Probe Fische aus nur einer Schule enthielt. Ausnahmsweise könnte eine Probe jedoch Fische, die bei zwei Netzauswürfen erbeutet wurden, also Fische aus zwei verschiedenen Schulen, enthalten haben.

Für die vorliegende Arbeit wurden nur die Proben verwendet, die während der zweiten Hauptlaichzeit des Pilchards (August—September) in den Jahren 1957, 1958 und 1959 gesammelt wurden. *Sardinops ocellata* laicht in den südwestafrikanischen Wässern über das ganze Jahr und der Zeitpunkt August—September war mehr oder weniger willkürlich gewählt worden.

Sardina pilchardus (Sardine). Die im August 1960 und 1961 gesammelten Proben stammten aus Lamparafängen der Fischkutter bei Rovinj, Jugoslawien. Leider konnte auch vom damaligen Direktor des Instituts za Biologiju Mora, Herrn Prof. T. Gamulin, keine Erlaubnis erwirkt werden, Proben unmittelbar auf den Fischerbooten oder in der Fischfabrik in Rovinj zu bearbeiten. Die einzige Möglichkeit, überhaupt zu Proben zu gelangen, war, die Fische vom Großhändler am Fischmarkt zu kaufen. Die Fische konnten in den Originalkisten, in welchen sie von den Booten angeliefert worden waren, erstanden werden. Auch diese Proben waren nur wenige Stunden alt, da sie aus den Fängen der vorhergegangenen Nacht stammten.

Die Messung der Fische und die Schuppenentnahme erfolgte im Laboratorium des Instituts za Biologiju Mora in Rovinj.

Clupea harengus (Ostseehering). Die Proben stammten aus Treibnetzfängen der Kutter und Küstenfischereifahrzeuge in Heiligenhafen und Großenbrode im Oktober—November 1961 und dürften sich hauptsächlich aus Frühjahrslaichern zusammengesetzt haben.

Die Messung der Fische und die Schuppenentnahme erfolgte unmittelbar nach deren Einlaufen an Bord der Boote.

Clupea harengus (Islandhering). Die Proben wurden im September—Oktober 1962 in Siglufjördur und Hafnerfjördur gesammelt, sie stammten aus Ringwadenfängen der Kutter im Norden Islands (bis etwa 100 Meilen nördlich Siglufjördurs) und aus Treibnetzfängen der Küstenfischereifahrzeuge bei Hafnerfjördur. Gefangen wurden Island-Frühjahrslaicher und möglicherweise atlantoskandische Heringe. Die Proben des im Norden Islands gefangenen Herings wurden den Kuttern nach deren Einlaufen in Siglufjördur und vor Beginn des Löschens entnommen. Die Messung der Fische und Schuppenentnahme erfolgte im chemischen Laboratorium der Fischmehlfabrik.

In gleicher Weise wurden die Proben des isländischen Südherings (Sommer-Laicher) in Hafnerfjördur gesammelt. Die Messung der Fische und die Schuppenentnahme erfolgte zum Teil in der Filetierungs- und Gefrierfabrik in Hafnerfjördur und zum Teil im Fischereilaboratorium des Fiskideild in Reykjavik.

Clupea harengus (Kanalhering). Die Proben stammten aus Schleppnetzfängen des FFS „Anton Dohrn" und aus Treibnetzfängen des Motorloggers BV 80 „Hannover" im November—Dezember 1962 und waren Laichheringe. Die Fangplätze lagen im Gebiet 50° 01' N—0° 41' O und 50° 05' N—0° 58' O. Für die vorliegende Arbeit erwiesen sich nur die mit dem Treibnetz gefangenen Heringe als brauchbar, da die mit dem Schleppnetz gefangenen Tiere zu viele Schuppen verloren hatten.

Die Messung der Tiere und die Schuppenentnahme erfolgte auf See an Bord des Loggers BV 80 „Hannover".

Clupea harengus (Nordsee-Bank-Hering). Die Proben stammten aus Treibnetzfängen der Küstenfahrzeuge bei Clythness im August 1963. Sie waren in Aberdeen angelandet worden, wo sie von FFS „Anton Dohrn" übernommen und in der Tiefkühlanlage nach Hamburg gebracht wurden. Die Heringe gehörten der Buchan-Gruppe des Nordsee-Bank-Herings an.

Die Messung der Tiere und die Schuppenentnahme erfolgte an den zuvor aufgetauten Tieren im Fischlaboratorium des Instituts für Seefischerei in Hamburg. Die in der vorliegenden Arbeit angegebenen Werte für Fischtotallängen wurden nach den vom Institut für Seefischerei in Hamburg ausgearbeiteten Korrekturfaktoren für tiefgefrorene Heringe berichtigt. Sie sind deshalb mit den Werten identisch, welche den Tieren in frischem Zustand zukamen und mit allen anderen Werten in der gegenständlichen Arbeit direkt vergleichbar.

III. Das Verhältnis Fischlänge—Schuppenlänge

1. Allgemeines

Ein genügend großes Untersuchungsmaterial ergibt in der Regel einen mehr oder weniger gleichmäßig ansteigenden Kurvenverlauf für die Schuppentotallängen bei steigenden Fischtotallängen (Eichkurve). Die „Eichkurve" ist übrigens bei Clupeiden beinahe eine Gerade, da das Verhältnis Fischlänge—Schuppenlänge ein annähernd lineares ist, wenn für die einzelnen Fischlängengruppen die Schuppenlängen aller Altersklassen, welche in den einzelnen Längengruppen vertreten sind, gemittelt werden. Der Korrelationskoeffizient liegt in diesen Fällen bei einem Probenmaterial von mehreren hundert Individuen über +0,9 und nähert sich dem Wert 1. Die Punkte auf der Eichkurve stellen jedoch Mittelwerte aus mehreren Kurven dar, da sich innerhalb der einzelnen Längengruppen mehrere Altersklassen überschneiden und jede Altersklasse einen von allen anderen Altersklassen abweichenden Kurvenverlauf besitzt. Die Eichkurve ist also eine aus der Addition mehrerer Kurven entstandene komplexe Kurve, deren einzelne Punkte Mittelwerte aus so vielen Kurven darstellen, als Altersklassen innerhalb jeden dieser einzelnen Punkte vorhanden sind. Am Beginn und am Ende der Eichkurve nimmt die Zahl der sich überschneidenden Altersklassen ab. Sie reduziert sich im unteren Kurvenbereich, der das Verhältnis Fischlänge—Schuppenlänge der kleinsten, eben fangbar werdenden Vertreter der befischten Population repräsentiert, häufig auf Null, so daß in diesem Bereich die Kurve nicht mehr komplex ist, da sie nur von einer einzigen Altersklasse gebildet ist. In diesem Fall, wie auch dann, wenn das Verhältnis Fischlänge—Schuppenlänge jeder einzelnen Altersklasse für sich festgestellt wird, ändert sich der Korrelationskoeffizient wesentlich. Er erreicht bei den Altersklassen, welche die Masse des Totalfanges stellen, Werte von 0,5 bis 0,7. Bei den Altersklassen geringerer Frequenz kann er sogar bis unter 0,2 absinken und das Verhältnis Fischlänge—Schuppenlänge kann dann allometrisch werden (SHERIFF und THOMPSON, 1922). Dies muß vor allem für die Fische der Altersklasse 0 angenommen werden, da das Schuppenwachstum erst bei einer bestimmten Fischlänge (3—4 cm) beginnt und die Schuppe dann anfangs relativ schneller wächst als der Fisch, wie bereits MEEK (1916) feststellte. Empirische Daten darüber fehlen bei den meisten Untersuchungen über Clupeiden, da das Probenmaterial meistens kommerziellen Fängen entnommen ist und Fische der Altersgruppe 0 in diesen Fängen ganz selten per Zufall und die kleinsten Individuen dieser Gruppe so gut wie gar nicht vorhanden sind. Soll das vermutliche Schuppenwachstum in seinem Anfangsstadium festgestellt werden, muß daher beinahe immer Extrapolation angewandt werden.

Das Auftreten dieser Erscheinung hängt maßgeblich mit der Art der Fanggeräte und der Befischungsmethode, im besonderen bei Netzfischerei mit der Maschenweite zusammen. Ist die angewandte Netzmaschenweite so groß, daß sie auf die jüngsten oder mindestens auf die jüngste im Bestand vorhandenen Altersklassen nicht wirksam wird, dann werden auch im untersten Kurvenbereich innerhalb der einzelnen Längenklassen mindestens zwei Altersklassen vertreten sein. Die Eichkurve ist in einem solchen Fall auch im unteren Bereich komplex.

Dies gilt für Netzfänge mit Treib- und Stellnetzen und auch für Wadenfänge. Wird dagegen mit dem Schleppnetz gefangen, dann wirkt die Maschenweite nicht in gleichem Maße selektierend auf die Längengruppen; denn die größeren Individuen eines Schwarmes werden nur allzubald gegen die Netzmaschen gepreßt und verlegen diese meistens so vollkommen, daß auch kleinste Tiere, auf welche die Maschenweite des Netzes an sich überhaupt nicht wirksam würde, kaum eine Möglichkeit zu entkommen haben.

Eine gewisse Selektion wird jedoch selbst bei Schleppnetzfängen dadurch betrieben, daß die Jungfische in der Regel nicht im gleichen Schwarm mit den laichreifen Fischen ziehen und sich an anderen Orten als letztere aufhalten. Sie bevorzugen die küstennahen Shelfgebiete und geraten dadurch kaum in ein Schleppnetz, mit welchem rein pelagische Fischerei auf offenem Ozean betrieben wird. In einem Probenmaterial, das eine vorhandene, regelmäßig befischte Population möglichst vollständig erfaßt und also für die Population als repräsentativ gelten kann, wird der Eichkurvenverlauf ebenso wie im untersten auch im obersten Bereich weniger komplex sein als in seinem mittleren Bereich. Wenn die Längengruppen des obersten Kurvenbereiches nur mehr von einer einzigen Altersklasse gebildet werden, dann ist auch dieser Bereich keine komplexe Kurve mehr. Naturgegebenermaßen wird die Eichkurve bei jenen Längengruppen am meisten komplex sein, welche derjenigen Längengruppe nach plus und minus zunächst anliegen, die den Längenwert mit der häufigsten Frequenz der gesamten Probe besitzt, weil in der Regel die häufigst im Fang aufscheinenden Längengruppen die größte Altersklassenüberschneidung aufweisen.

Dies ist unter anderem eine Ursache für den oftmals zu beobachtenden ungleichmäßigen und sich nicht in das übrige Kurvenbild fügenden Verlauf des untersten und obersten Teils einer Eichkurve. Die Eichkurve ist in ihren einzelnen Abschnitten daher keineswegs gleichwertig, da diese Abschnitte aus den Mittelwerten einer jeweils unterschiedlichen Zahl von Einzelkurven verschiedener Funktion gebildet werden. Sie besitzt nur in den Bereichen, in welchen sie nicht komplex ist, wirkliche Gültigkeit für diese eine Altersklasse, die in diesen Bereich fällt. In allen anderen Bereichen liefert sie einen großen Überblick über das Verhältnis Fischlänge—Schuppenlänge, dem eine gewisse Wahrscheinlichkeit im statistischen Sinne wohl zukommt, stellt aber in keinem Fall eine für das Einzeltier gültige Relation dar.

Im vorangehenden wurde vorausgesetzt, daß das Verhältnis Fischlänge—Schuppenlänge der einzelnen Altersklassen einer Population verschieden ist. Diese Behauptung soll später unter Beweis gestellt werden.

Wenn man das Verhältnis Fischlänge—Schuppenlänge einer genaueren Betrachtung unterzieht, so fällt die relativ starke Streuung der Schuppenlängen verschiedener Fische gleicher Längengruppenzugehörigkeit besonders auf. Diese Streuung wird um so größer, je mehr Altersklassen sich innerhalb einer Längengruppe überschneiden.

Es betrug z. B. die Standardabweichung für Or T beim Kanalhering in den stark frequentierten Längengruppen mit Überschneidung von drei Altersklassen ± 0,19 mm, mit Überschneidung von vier Altersklassen ± 0,25 mm, mit Überschneidung von fünf Altersklassen ± 0,27 mm.

Sortiert man die Fische jedoch zuerst nach Altersklassen, dann wird die Streuung der Or T-Werte bei Tieren gleicher Länge geringer. Die Standardabweichung des Or T variiert zwischen ± 0,16 mm und ± 0,24 mm, wenn sie für jeweils nur eine Altersklasse der gleichen Längengruppen wie oben berechnet wird. Das heißt, daß die einzelnen Altersklassen eine **relativ geringere Streuung der Schuppenlängen aufweisen, als der Fischlängen.** Jeder einzelnen Altersklasse kommt also ein relativ engerer Bereich an Schuppenlängen als an Fischlängen zu. Daraus erhellt, daß das **Schuppenwachstum nicht nur vom Längenwachstum des Fisches abhängig ist, sondern auch von dessen Alter** (O. NAWRATIL, 1960 und 1962). Bei einigen Clupeidenarten und -gruppen kommt jeder einzelnen Altersklasse ein eigener Or T-Bereich zu, der sich mit den Or T-Bereichen der anderen Altersklassen nicht oder doch nur in geringem Maße überschneidet. In diesen Fällen kann das Verhältnis Fischlänge—Schuppenlänge direkt zur Altersbestimmung verwendet werden. Darauf soll bei der Besprechung der einzelnen Arten näher eingegangen werden.

Die Möglichkeit, aus dem Verhältnis Fischlänge—Schuppenlänge das Alter zu bestimmen, beruht auf der Tatsache, daß die **älteren von gleichlangen Fischen im Mittel größere Schuppen besitzen als die jüngeren** (BÜCKMANN, 1929, O. NAWRATIL, 1962). Diese Gegebenheit ist schon seit längerer Zeit bekannt, und sie wurde von A. MOLANDER (1918) und R. M. LEE (1912 und 1920) unter anderem als Einwand gegen die von E. LEA

(1910) eingeführte Methode der Rückberechnung von Fischlängen aus den Schuppenlängen ins Treffen geführt. Dagegen wurde sie bisher nicht auf die Möglichkeit hin, die einzelnen Altersklassen gegeneinander abzugrenzen, untersucht. Auch G. N. MONASTYRSKY (1930) berichtet, daß mit zunehmendem Alter der Fische eine relative Vergrößerung der Schuppen stattfindet. Die Ergebnisse der vorliegenden Arbeit bestätigen für alle untersuchten Arten und Gruppen die Richtigkeit dieser Tatsache. Trotzdem besitzen bei allen untersuchten Arten die Individuen einer Altersklasse in allen Längengruppen im Mittel größere Schuppen als die Individuen gleicher Längengruppen der nächst älteren Altersklasse. Es sind dies immer die Tiere der jüngsten in den Fang kommenden Altersklasse. Diese besitzen beim Fang in der Regel größere Schuppen als die Tiere gleicher Länge (beim Fang) laut Rückberechnung besaßen, als sie das Jahr bereits vollendet hatten, in welches erstere erst eingetreten sind. Nun sind diese Tiere zwar nur um — je nach Fangzeitpunkt und Laichzeit — weniger als ein Jahr älter, aber sie sollten doch größere Schuppen besitzen als die gleich langen jüngeren. Es besaßen z. B. die Tiere der I +-Klassen des südwestafrikanischen Pilchards und des Ostseeherings beim Fang größere Schuppen als die Tiere bei vollendetem zweiten Jahr, beim Kanalhering waren die Schuppen der I +- und sogar der II +-Klassen beim Fang größer als die der Tiere bei vollendetem zweiten bzw. dritten Jahr. Diese Erscheinung erklärt sich a) aus der weiter oben erwähnten Selektion durch die Maschenweite, wodurch nur die bestwüchsigen Individuen des oder der jüngsten, eben fängig werdenden Tiere in den Fang geraten (R. J. H. BEVERTON und S. J. HOLT, 1957, A. J. C. JENSEN, 1938, A. C. JOHANSEN, 1910, P. OTTESTAD, 1938, J. HJORT, 1938, CLARK und PHILLIPS, 1952). Diese Altersklassen werden von den Netzen ja nicht vollständig erfaßt, da die kleineren durch die Maschen entkommen. Beim Kanalhering wurde z. B. die I +- und zum Teil auch die II +-Klasse unvollständig erfaßt. Die Berechnung der durchschnittlichen Schuppenlänge dieser Klassen liefert daher Werte, die nur für den vorwüchsigen Teil dieser Klasse gelten, aber keineswegs den wahren Durchschnittswert der gesamten Altersklasse darstellen; b) ist der I +-Fisch, der beim Fang z. B. eineinhalb Jahre alt und 20 cm lang ist, nicht nur raschwüchsiger, sondern auch viel größer als der II +-Fisch, der beim Fang zweieinhalb Jahre alt ist, aber auch erst 20 cm mißt, als er genau zwei Jahre alt war. In diesem Fall wurden die Schuppenlängen von beim Fang gleich langen, zum Berechnungszeitpunkt jedoch ungleichlangen Fischen verschiedener Wüchsigkeit verglichen. Die Schuppenlängen müssen daher in der beschriebenen Form divergieren. Obwohl diese Gegebenheit selbstverständlich erscheint, ist sie doch oft der Anlaß zu Fehlberechnungen durch nachträglich angewandte Korrekturen geworden, deren Zielsetzung es war, die aus den Schuppenlängen rückberechneten Werte für Fischlängen mit den durch direkte Messungen erhaltenen Werten in Übereinstimmung zu bringen. Auch die Rückberechnung der Fischlängen bei einem Jahr (L_I) aus der jüngsten im Fang auftretenden Altersklasse gab früher häufig Anlaß zur Verwirrung. Die L_I-Werte dieser Altersklasse sind immer größer — und müssen es sein — als die aus allen übrigen Altersklassen rückberechneten L_I. Dies ist durch die oben angeführte Selektion durch die Maschenweite verständlich (CLARK und PHILLIPS, 1952, W. C. HODGSON, 1929). Im Anschluß daran erscheint es auf den ersten Blick jedoch nicht ganz so klar, daß die für alle vollen Jahre aus den Schuppenlängen rückberechneten Fischlängen (L_I, L_{II}, L_{III} usw.) um so kleiner werden, von je älteren Fischen man ausgeht. Diese zuerst verblüffende Erscheinung hat unter der Bezeichnung „Leesches Phänomen" und „scheinbarer Schwund" (apparent shrinkage) Eingang in die Literatur gefunden und war Gegenstand vieler Erörterungen*) und komplizierter Korrekturberechnungen (H. J. BUCHANAN-WOLLASTON,

---

*) Erstmals wurde dieses Phänomen von SUND, 1911, erwähnt. Er demonstrierte es an Hand einer Probe südlich Norwegens gefangener Sprotten. LEE, 1912, zeigte das Auftreten dieses Phänomens bei Hering, Schellfisch und Forelle. 1936 wies es ROBERTSON für Sprotten nach und 1933 WATKIN für den Hering. In einigen Fällen trat das Leesche Phänomen nicht auf, z. B. bei Seeforellen, NALL, 1930, und bei Schellfisch, SAETERSDAL, 1953.

1934, P. Ottestad, 1938 und viele andere). Lea (1938) versuchte, das Leesche Phänomen dadurch zu erklären, daß die schnellwüchsigen Fische in den ersten Jahren vermehrt in den Fang und damit in das Probenmaterial gelangen. Durch die auf sie in höherem Maße als auf die langsam wüchsigen wirksame Befischungsintensität würden sie gegenüber den langsamer wüchsigen Tieren, welche erst später in den befischbaren Bestand eintreten, zurückgedrängt. Diese Ansicht ist nur zum Teil richtig. Sie ist voll gültig für diejenigen Altersklassen des Bestandes, welche von der jeweils angewandten Befischungsmethode nicht vollständig erfaßt werden. Von diesen werden, wie bereits erwähnt, tatsächlich die raschwüchsigen eher gefangen und sie gelangen deshalb vermehrt in den Fang, weil unter Umständen eine ganze Fischereisaison mehr auf sie gefischt wird als auf die langsam wüchsigen, die erst ein Jahr später fängig werden. Dieser Selektionsmechanismus kann sich aber nur dann auf den gesamten Fischstock auswirken, wenn a) die jüngsten befischten Altersklassen bereits vor deren erstmaligem Laichreifwerden befischt werden, b) wenn die Befischungsintensität eine relativ hohe ist, c) die Befischungsmethode über einen längeren Zeitraum unverändert beibehalten wird oder aber dahingehend abgeändert wird, daß noch mehr jugendliche Fische in den Fang geraten und d) spielt die Größe des Verbreitungsgebietes und Wanderungen wahrscheinlich eine nicht unwesentliche Rolle; in einem allseits begrenzten See wird, wenn a), b) und c) zutreffen, der Auslesemechanismus sicherlich eher zu merkbaren Folgen (Sinken der Durchschnittsgröße durch Abnahme der Wachstumsgeschwindigkeit) führen als in einem großen offenen Gewässer, wie es das Meer darstellt. Allerdings sind hier in jedem Einzelfall genaueste Untersuchungen unbedingt erforderlich. Denn auch im offenen Meer kann, wie an *Sardinops ocellata* festgestellt werden konnte, das Vorkommen einer Population auf ein Gebiet innerhalb recht enger Grenzen beschränkt sein, und dann wird bei entsprechend hoher Befischungsintensität der Selektionsmechanismus in beinahe gleicher Art wie in einem See wirksam (O. Nawratil, 1962).

Treffen die Punkte a), b) und c) oder nur einer davon jedoch nicht zu, dann bleibt der Selektionsmechanismus unwirksam, und das Leesche Phänomen kann dann nicht durch vermehrte Abfischung der raschwüchsigen Individuen erklärt werden. Die tatsächliche Ursache dieses „scheinbaren Schwunds" liegt auch auf ganz anderer Ebene. Wie das Wort schon besagt, handelt es sich nämlich nur um einen „scheinbaren", also keinen wirklichen Schwund. Weder der Selektionsmechanismus, noch fehlerhafte Altersbestimmungen, noch fehlerhafte Rückberechnungsmethoden haben damit zu tun. Das Leesche Phänomen gelangt einfach durch die Art der Anordnung des Probenmaterials zum Vorschein. Es werden regelmäßig die rückberechneten Fisch- und Schuppenlängen von Fischen verglichen, die beim Fang gleich lang, aber verschieden alt waren. Dadurch müssen die rückberechneten Fisch- und Schuppenlängen für die älteren Tiere im Mittel zwangsläufig kleinere Werte ergeben als für die jüngeren. Letztere sind ja um ein, zwei, drei oder sogar vier Jahre jünger, haben jedoch bereits die Länge der entsprechend älteren erreicht, sie sind daher bedeutend besser gewachsen. Daher müssen sie auch zu den korrespondierenden früheren Jahren bereits größer gewesen sein, als ihre nun beim Fang gleich großen älteren Artgenossen. Wenn man die einzelnen Altersklassen nicht nach ihrer Länge beim Fang, sondern nach der Länge, die ihnen bei jeweils vollendeten Jahren zukam, ordnet, und dann die Schuppenlängen vergleicht, stellt sich sofort heraus, daß diese innerhalb des normalen Streuungsbereiches zufällig variieren. Es sind dann die für die einzelnen vollen Jahre gemessenen Schuppenlängen (Or I, Or II, Or III usw.) keinesfalls kleiner, wenn sie von alten Tieren berechnet werden als von jungen.

Das Leesche Phänomen verschwindet ebenfalls vollkommen, wenn man die durchschnittlichen Schuppenlängen bei vollen Jahren der einzelnen Altersklassen insgesamt, also unberücksichtigt der Fischlängen beim Fang, miteinander vergleicht. Auch dann variieren die Schuppenlängen korrespondierender Jahre der einzelnen Altersklassen zufällig im normalen Bereich.

Diese beiden vergleichenden Betrachtungsweisen beweisen, daß das Leesche Phänomen seine Ursache nicht in der Natur des Probenmaterials hat (Selektionsmechanismus), welche Annahme LEAS übrigens von verschiedensten Seiten seit jeher heftigster Kritik unterworfen wurde, sondern daß die bekannte Erscheinung einzig auf die Anordnung des Probenmaterials zurückzuführen ist. Denn nur dann, wenn eine Ordnung der Proben nach Fischlängen beim Fang und damit eine gestaffelte Sortierung nach Qualität in bezug auf Wüchsigkeit vorgenommen wurde, werden die Fisch- und Schuppenlängen bei vollen Jahren kleiner, wenn sie von alten Fischen berechnet werden als von jungen. Es ist aber ganz selbstverständlich, daß dies so sein muß, denn in diesem Fall sind die älteren tatsächlich langsamer gewachsene Tiere, was ja allein schon aus der Tatsache hervorgeht, daß sie zum Fangzeitpunkt trotz ihres höheren Alters die gleiche Länge mit Vertretern jüngerer Altersklassen besitzen. Sie sind daher mit sehr großer Wahrscheinlichkeit auch in früheren Jahren langsamer gewachsen, besaßen demnach zu korrespondierenden vollen Jahren eine kleinere Länge als die schnellwüchsigeren Angehörigen der jüngeren Altersklassen; dementsprechend waren auch ihre Schuppen zu diesen Zeitpunkten kleiner, wenn auch die Schuppengröße der einzelnen Jahresklassen auf Grund ihrer Abhängigkeit von Länge und Alter nur relativ geringere Unterschiede aufweist als die Fischlänge.

2. Besprechung der einzelnen untersuchten Arten und Gruppen

a) *Sardinops ocellata*, südwestafrikanischer Pilchard

Die über drei Jahre fortlaufend untersuchten kommerziellen Fänge von *Sardinops ocellata* setzen sich aus den Altersklassen I bis IV zusammen. Da *Sardinops ocellata* über das ganze Jahr laicht (mit je einem Schwerpunkt im Februar/März und August/September), ist es sehr schwierig, das Alter eines Fisches genau festzulegen. Die Periode, die nach dem letzten erkennbaren Jahresring auf der Schuppe vergangen ist, kann nur mit unterschiedlicher Genauigkeit geschätzt werden. Aus diesem Grund wurde auf die Feststellung dieser Periode verzichtet. Die Altersbestimmung wurde an Hand der Jahresringe vorgenommen, und es wurde durch ein hinter der die vollen Jahre eines Fisches anzeigenden Zahl ein + gesetzt, um anzuzeigen, daß der Fisch über das betreffende Jahr hinausgewachsen war. Ein Fisch der III +-Klasse ist also ein Tier, das drei Jahresringe an den Schuppen erkennen ließ. Nach dem dritten Ring war noch ein Feld unterschiedlicher Breite auf der Schuppe in einem nicht weiter definierten Zeitraum angelegt worden. Einzig steht fest, daß dieser Zeitraum kleiner als ein Jahr war. Der Fisch war also über sein drittes Lebensjahr hinausgewachsen, hatte das vierte aber noch nicht vollendet.

In dieser Art erfolgte die Gruppierung der Altersklassen als Voraussetzung für die vergleichende Betrachtung des Verhältnisses Fischlänge—Schuppenlänge der einzelnen Altersklassen.

Bei *Sardinops ocellata* kommt jeder Altersklasse ein weitgehend definierbarer Bereich von Schuppenlängen zu, der für jede Altersklasse charakteristisch ist und sich nicht oder nur in geringem Maße mit den Schuppenlängenbereichen anderer Altersklassen überschneidet. Obwohl sich innerhalb der kommerziellen Fänge zwei bis drei Altersklassen in ihren Fischlängen überschneiden, tun die Schuppenlängen dies nicht. Es sind daher innerhalb jeder Fisch-Längengruppe mehrere Altersklassen vorhanden, die sich jedoch nach ihren Schuppenlängen voneinander unterscheiden lassen. Wie dies bereits dem allgemeinen Teil der Besprechung des Verhältnisses Fischlänge—Schuppenlänge zu entnehmen ist, haben innerhalb der gleichen Längengruppe die älteren Fische größere Schuppen.

Da sich die Schuppenlängen der einzelnen Altersklassen bei *Sardinops ocellata* kaum überschneiden, konnte aus dem Verhältnis Fischlänge—Schuppenlänge eine „Schlüsseltabelle" aufgestellt werden, aus welcher das Alter der Fische auf Grund ihrer Schuppen- und Fischlängen direkt abgelesen werden kann (Tabelle 1). Fische mit einer Schuppenlänge von 5,0 mm gehören der Altersklasse I+ an, solche mit einer Schuppenlänge von 5,5 mm der II+-Klasse, solche mit einer Schuppenlänge von 6,2 mm und 6,7 mm der III+- bzw. der IV+-Klasse.

Selbstverständlich nehmen die Schuppenlängen auch innerhalb der einzelnen Alters- klassen mit steigender Fischlänge zu. Es ist daher zu erwarten, daß die größten Individuen einer Altersklasse Schuppenlängen aufweisen werden, welche ungefähr gleich groß mit denen der kleinsten Individuen der nächstälteren Altersklasse sein werden oder sich mit diesen sogar überschneiden. Tatsächlich scheinen die Werte 5,1 mm und 5,2 mm bei den größten Tieren der I+-Klasse und den kleinsten der II+-Klasse auf. Trotzdem können die Tiere, die eine Schuppenlänge von 5,1 oder 5,2 mm haben, in die Altersklasse, der sie angehören, eingereiht werden. Ein Fisch mit der Schuppenlänge 5,1 mm gehört in die I+-Klasse, wenn er eine Totallänge von etwa 23 cm hat; er gehört in die II+-Klasse, wenn er etwa 21 cm mißt. Ähnlich verhält es sich mit den Tieren der III+- und der IV+-Klasse, die eine Schuppenlänge von 6,5 mm besitzen. Die Trennung der Altersklassen ist in diesem Fall sogar noch leichter durchzuführen, weil die Unterschiede in den Fischlängen (25 cm und 28 cm) noch erheblicher sind.

Die in Tabelle 1 dargestellten Schuppenlängendifferenzen der verschiedenen Alters- klassen innerhalb je einer Längengruppe können als unbedingt abgesicherte Werte betrachtet werden, da sie einerseits aus einem genügend großen Untersuchungsmaterial gewonnen wurden und sie andererseits **Mittelwerte aus den Fängen dreier aufeinander- folgender Jahre darstellen.**

Aber auch dann, wenn man jedes der drei Jahre für sich betrachtet, stimmen die Werte gut überein. In Tabelle 2 sind die Schuppenlängen der verschiedenen Altersklassen innerhalb der einzelnen Längengruppen dargestellt, wie sie sich bei den Untersuchungen in den Jahren 1957, 1958 und 1959 ergaben. In jedem der einzelnen Fangjahre unterschieden sich die Alters- klassen gleich gut nach ihren Schuppen- und Fischlängen. Selbst wenn man die in den ein- zelnen Jahren erhaltenen Werte untereinander beliebig vergleicht, tritt keine wesentliche Überschneidung der Schuppenlängen verschiedener Altersklassen ein. Dies ist besonders bemerkenswert deshalb, weil bei *Sardinops ocellata* eine deutliche Reduktion der Wachstums- geschwindigkeit ab der Jahresklasse 1957 festgestellt wurde (O. NAWRATIL, 1962). Diese Verlangsamung der Wüchsigkeit, die sich natürlich schon in den Jahren vorher angebahnt hatte, spiegelt sich in Tabelle 2 in den Schuppenlängen der I+-Klassen des Fanges 1958 und 1959 und der II+-Klasse des Fanges 1959 wider, wie auch im Fang von kleineren Fischen dieser Altersklassen der betreffenden Jahresklassen. Daß trotz der Änderung in der Längen- zusammensetzung dieser Altersklassen keine wesentlichen Überschneidungen der Schuppen- längen mit den übrigen, nach bisherigem Durchschnitt gewachsenen Altersklassen, auftrat, beweist die relativ starke Abhängigkeit des Schuppenwachstums vom Alter bei *Sardinops ocellata*.

Die bei der Rückberechnung erhaltenen Werte für Schuppen- und Fischlängen sind in den Tabellen 4 und 5 dargestellt. Zuvor ist in Tabelle 3 die maximale Streuungsbreite von Schuppen- und Fischlängen bei vollen Jahren wiedergegeben. Die Zahlen in Tabelle 3 stammen aus Untersuchungen der kommerziellen Fänge im September 1957, während Tabelle 4 die Ergebnisse der Rückberechnung aus den Jahren 1957, 1958 und 1959 bringt. In Tabelle 5 wurden die Werte der in den einzelnen Jahren gewonnenen Ergebnisse gemittelt und die angegebenen Zahlen geben damit gleichzeitig einen guten Überblick über den jähr- lichen Wachstumsverlauf von Schuppen- und Fischlängen. Um verständlich zu machen, weshalb Schuppen- und Fischlängen zweier Jahresklassen bei ein und zwei Jahren bedeutend kleiner sind als der Durchschnitt der übrigen, müssen an dieser Stelle einige Worte ein- geschoben werden, die die bei *Sardinops ocellata* beobachtete Reduktion der Wachstumsgeschwindigkeit zum Gegenstand haben. In beiden Tabellen, besonders deutlich jedoch in Tabelle 5, spiegelt sich das langsamere Wachstum der Jahresklassen 1957 und 1958 sowohl in Fisch- als auch in Schuppenlängen bei einem bzw. bei einem und zwei vollen Jahren. Der Wert von 3,6 mm für Or I und 15,2 cm für L_I der Jahresklasse 1957 im Fang 1958 darf dabei nicht verwundern. Es waren 1958 noch einige schnellwüchsige Tiere (12,4% des Gesamtfanges) vorhanden, die ziemlich restlos von den Netzen erfaßt wurden. Die Jahresklasse 1958 dagegen bestand bereits fast ausnahmslos aus langsamwüchsigen Tieren, die von den Netzen als I+-Tiere kaum mehr erfaßt wurden (2,5% des Totalfanges 1959). Die 1959 mehr oder weniger per Zufall mitgefangenen I+-Tiere der Jahresklasse 1958 zeigten die Wachstumsreduktion an ihrem ersten Jahresring auch sehr deutlich. Ihr Or I betrug bloß 2,4 mm. Dieser Or I dürfte allerdings für die ganze Altersklasse und nicht nur für deren raschwüchsigen Teil repräsentativ sein. Denn erstens gab es einen raschwüchsigen Teil kaum mehr, zweitens wurden die Tiere nicht auf Grund ihrer bedeutenderen Körpergröße, sondern, wie bereits erwähnt, quasi per Zufall mitgefangen, wie dies in jeder Fischerei immer einmal geschieht. Die Berechnung des Or I der Jahresklasse 1958 aus der Altersklasse II+ des Fanges 1960 würde daher wahrscheinlich einen Wert, der annähernd bei 2,4 mm liegen würde, ergeben. 2,4 mm Or I wäre demnach mit den Or I aller übrigen Jahresklassen vergleichbar. Bei diesem Vergleich bleibt der Or I der Jahresklasse 1958 immer noch um 0,4 mm gegenüber dem Durchschnitt der anderen Jahresklassen zurück. Daß auch die Jahresklasse 1957 in ihrem ersten Jahr schlechter wuchs als die übrigen, beweist der aus der II+-Klasse des Fangjahres 1959 für sie erhaltene Or I von 2,7 mm, der mit den übrigen Or I vergleichbar ist. Ebenso ist der Or II der Jahresklasse 1957 mit 4,5 mm kleiner als alle übrigen. Die Fischlängen verhalten sich zu diesen Schuppenlängen entsprechend.

Abgesehen von den Unregelmäßigkeiten, die durch die Veränderung der Wachstumsgeschwindigkeit eines Teiles des Untersuchungsmaterials hervorgerufen wird, streuen die rückberechneten Schuppen- und Fischlängen bei vollen Jahren völlig zufällig im normalen Bereich, wie aus Tabelle 4 und 5 ersichtlich. Die rückberechneten Schuppen- und Fischlängen werden durchaus nicht kleiner, wenn man von älteren Fischen ausgeht als von jüngeren, sofern nicht von vornherein eine Sortierung nach Wüchsigkeit vorgenommen wurde. Der Streuungsbereich der Durchschnittswerte wird, wie zu erwarten, kleiner, wenn eine Jahresklasse — wie im gegenständlichen Fall — über mehrere Fangjahre verfolgt werden kann und wenn die in den einzelnen Jahren gewonnenen entsprechenden Daten gemittelt werden. Auch dies ist bei einem Vergleich der Tabellen 4 und 5 klar zu erkennen.

Das Verhältnis Fischlänge—Schuppenlänge ohne Rücksichtnahme auf dessen unterschiedlichen Verlauf bei den verschiedenen Altersklassen ist in der Eichkurve (Fig. 1) dargestellt. Für die Errechnung der einzelnen Punkte wurden die Daten aus dem bis 1957 (inklusive) gesammelten Material verwendet. Die Darstellung läßt den annähernd linearen Funktionsverlauf der Relation Fischlänge—Schuppenlänge erkennen, welcher durch die Addition der Kurvenabschnitte der einzelnen Altersklassen zustande kommt.

b) *Sardina pilchardus*

Das untersuchte Probenmaterial setzte sich aus den Längengruppen 15,5 cm bis 19,5 cm zusammen. Den Hauptanteil stellten die Längengruppen 17,0 cm bis 19,0 cm (95,4%). In diesen Längengruppen waren die Altersklassen II+ bis VI+ vertreten. Von der Altersklasse VI+ konnte nur ein einziges Individuum in der aus 315 Tieren bestehenden Probe festgestellt werden. 45% der Probe waren Tiere der Altersklasse III+, 39% gehörten der Altersklasse IV+ an und auf die Alterklassen II+ und V+ entfielen rund je 8%. Nach ihren Fischlängen beim Fang überschnitten sich in einzelnen Längengruppen bis zu vier Altersklassen.

Dieses Material war für die vorliegende Untersuchung nicht gerade ideal, ja, es war sogar weder dem Umfang noch der Zusammensetzung nach gut genug, um die daraus gewonnenen Ergebnisse als wirklich abgesichert darstellen zu können. Leider war es jedoch, wie bereits einleitend erwähnt, gänzlich unmöglich, mehr und bessere Proben zu erhalten.

Tabelle 1

Sardinops ocellata. Verhältnis Lt—Or T der einzelnen Altersklassen. Schlüsseltabelle.
Schuppenlängen gleich langer Fische verschiedener Altersklassen. Durchschnittswerte von etwa 3000 Fischen aus kommerziellen Fängen off Walvis Bay im August/September der Jahre 1957, 1958 und 1959.

Alters-klassen	cm/Lt																				
	19,5 bis 19,9	20,0 bis 20,4	20,5 bis 20,9	21,0 bis 21,4	21,5 bis 21,9	22,0 bis 22,4	22,5 bis 22,9	23,0 bis 23,4	23,5 bis 23,9	24,0 bis 24,4	24,5 bis 24,9	25,0 bis 25,4	25,5 bis 25,9	26,0 bis 26,4	26,5 bis 26,9	27,0 bis 27,4	27,5 bis 27,9	28,0 bis 28,4	28,5 bis 28,9	29,0 bis 29,4
I+	4,7	4,7	4,7	4,8	5,0	5,0	5,0	5,1	5,2											
II+			5,1	5,1	5,2	5,4	5,5	5,5	5,5	5,7	5,6	5,7	5,6	5,6	5,7	5,7				
III+							5,9	5,8	6,0	6,1	6,1	6,1	6,2	6,2	6,2	6,3	6,3	6,4	6,5	
IV+										6,5	6,7	6,7	6,9	6,9	6,9	6,9	6,9	6,8	7,0	6,9

Tabelle 2

Sardinops ocellata. Schuppenlängen gleich langer Fische verschiedener Altersklassen in den einzelnen Fangjahren 1957, 1958 und 1959. Zahl der untersuchten Individuen: 1957: 887, 1958: 1200, 1959: 1000.

Alters-klasse	Fang-jahr	cm/Lt																							
		17,5 bis 17,9	18,0 bis 18,4	18,5 bis 18,9	19,0 bis 19,4	19,5 bis 19,9	20,0 bis 20,4	20,5 bis 20,9	21,0 bis 21,4	21,5 bis 21,9	22,0 bis 22,4	22,5 bis 22,9	23,0 bis 23,4	23,5 bis 23,9	24,0 bis 24,4	24,5 bis 24,9	25,0 bis 25,4	25,5 bis 25,9	26,0 bis 26,4	26,5 bis 26,9	27,0 bis 27,4	27,5 bis 27,9	28,0 bis 28,4	28,5 bis 28,9	29,0 bis 29,4
I+	1957	4,2	—	4,8	—	4,8	4,9	4,7	4,9	5,0	5,0	5,0	5,1	5,3											
	1958	4,4	4,2	—	4,6	4,6	4,4	4,8	—	5,0	5,1	5,1	5,2	5,1											
	1959							4,7	4,7																
II+	1957							5,3	5,2	5,4	5,5	5,5	5,5	5,6	5,6	5,7	5,6	5,4	5,6	5,8	5,8				
	1958					4,9		5,1	—	5,4	5,5	5,5	5,5	5,6	5,6	5,5	5,7	5,8	5,7	5,8	5,6	5,7			
	1959				4,9		4,9	5,0	5,0	4,9	5,3	5,4	5,4	5,4	5,6	5,7	5,7	5,6	5,6						
III+	1957											6,1	5,7	6,0	6,3	6,3	6,2	6,1	6,3	6,4	6,4	6,4	6,4	6,4	
	1958											5,8	5,9	5,9	6,0	6,0	6,0	6,1	6,2	6,2	6,3	6,3	6,3	6,6	
	1959											5,9	5,9	6,0	6,0	6,0	6,1	6,3	6,1	6,1	6,2	6,2	6,5		
IV+	1957															6,6	6,5	6,9	6,9	6,9	6,9	6,9	7,1	7,0	
	1958																6,6	6,6	6,6	6,9	7,0	7,1	6,8	7,0	
	1959																		6,9	6,9	7,0	6,7	6,6		6,9

Tabelle 3

Sardinops ocellata. Minima-Maxima-Streuungen und Mittelwerte von Or I—Or IV und L_I—L_{IV} der Proben aus den kommerziellen Fängen im September 1957

Alter	Schuppenlänge			Fischlängen			Stück Proben
	Min.	Max.	Mittel	Min.	Max.	Mittel	
I	2,3	4,0	2,8	11,5	16,9	12,9	391
II	3,7	5,3	4,7	15,8	22,5	19,5	337
III	5,0	6,4	5,8	21,0	27,0	25,0	148
IV	6,3	7,1	6,7	26,8	29,2	27,9	11

Tabelle 4

Sardinops ocellata. Durchschnitts-Or I—Or IV und L_I—L_{IV} der Jahresklassen 1953 bis 1958 in den Fängen 1957, 1958 und 1959.

Zahl der untersuchten Individuen: ca. 3000.

Die Or I-Werte der Jahresklassen 1956, 1957 und 1958 (fette Ziffern) und die dazugehörigen L_I-Werte sind mit den anderen Werten in der Tabelle nicht direkt vergleichbar, da diese aus den I+-Klassen der Fänge 1957, 1958 und 1959 berechnet wurden und somit auf Grund des Selektionsmechanismus zu groß sind. Sie dürfen daher nicht für die Durchschnittsberechnung verwendet werden. Bezüglich Or I, L_I der Jahresklasse 1958 siehe Text.

Jahres-klassen	Fang-jahr	Altersklassen							
		I		II		III		IV	
		Or I	L_I	Or II	L_{II}	Or III	L_{III}	Or IV	L_{IV}
1958	1959	**2,4**	11,8						
1957	1958	**3,6**	15,2						
	1959	2,7	12,8	4,5	18,5				
1956	1957	**3,4**	14,5						
	1958	3,1	13,8	4,8	20,0				
	1959	2,8	12,9	4,6	19,0	5,8	25,0		
1955	1957	2,8	12,9	4,7	19,5				
	1958	3,0	13,6	4,7	19,5	5,8	25,0		
	1959	2,9	13,3	4,6	19,0	5,8	25,0	6,5	27,4
1954	1957	2,7	12,8	4,5	18,5	5,7	24,5		
	1958	2,9	13,3	4,7	19,5	5,8	25,0	6,5	27,4
1953	1957	2,9	13,3	4,7	19,5	5,9	25,5	6,7	27,9

Tabelle 5

Sardinops ocellata. Durchschnitts-Or I—Or IV und L_I—L_{IV} der Jahresklassen 1953 bis 1958; Mittelwerte der aus den Fängen 1957, 1958 und 1959 gewonnenen Werte. Zugleich jährliche, durchschnittliche Wachstumsraten von Fisch- und Schuppenlängen.

Bezüglich des Or I- und L_I-Wertes der Jahresklasse 1958 siehe Text.

Jahres-klassen	Altersklassen							
	I		II		III		IV	
	Or I	L_I	Or II	L_{II}	Or III	L_{III}	Or IV	L_{IV}
1958	2,4	11,8						
1957	2,7	12,8	4,5	18,5				
1956	2,9	13,3	4,7	19,5	5,8	25,0		
1955	2,9	13,3	4,7	19,5	5,8	25,0	6,5	27,4
1954	2,8	13,0	4,6	19,0	5,7	24,5	6,5	27,4
1953	2,9	13,3	4,7	19,5	5,9	25,5	6,7	27,9

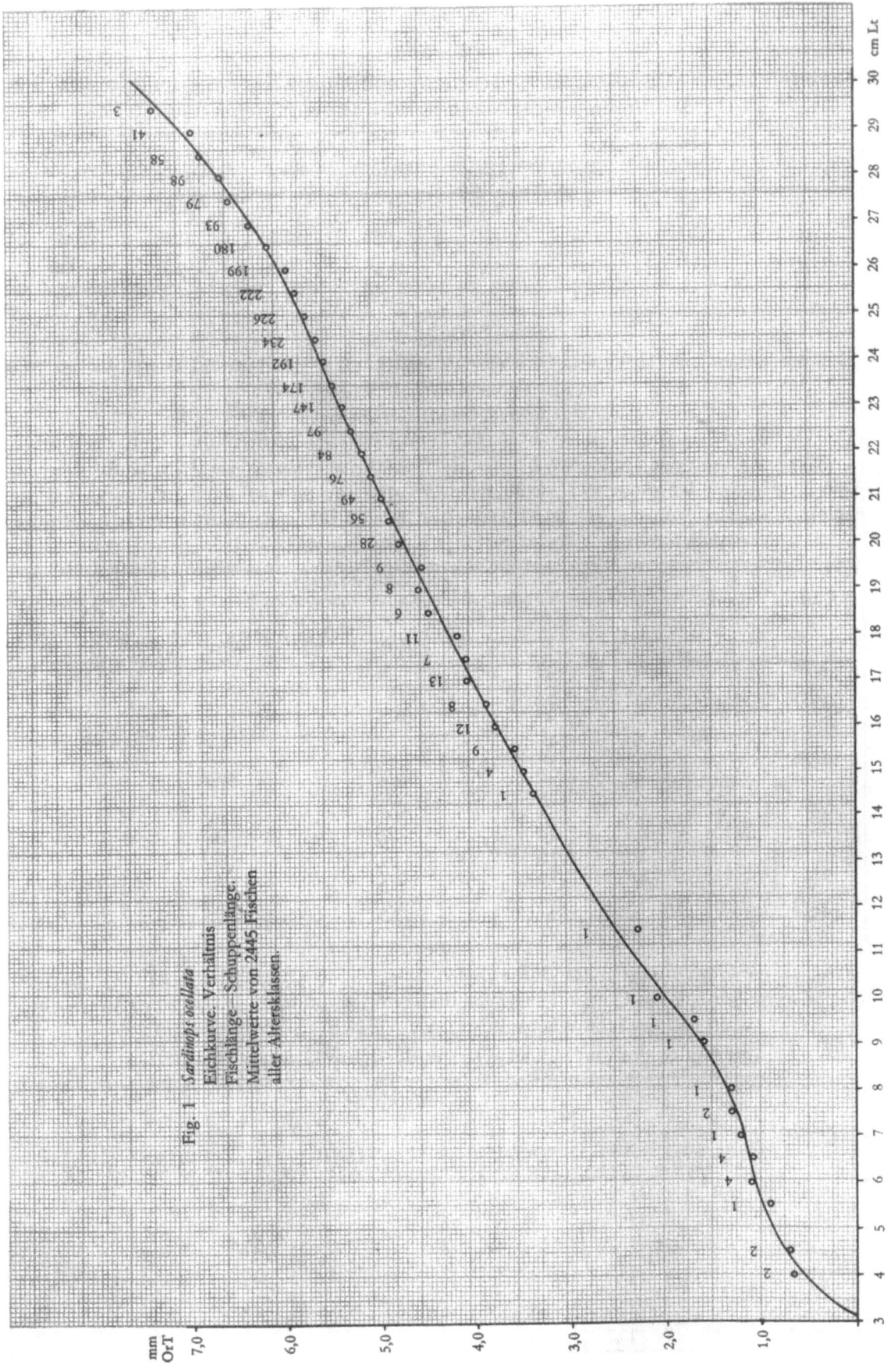

Fig. 1 *Sardinops ocellata*
Eichkurve. Verhältnis
Fischlänge–Schuppenlänge.
Mittelwerte von 2445 Fischen
aller Altersklassen.

Die hier mitgeteilten Ergebnisse für *Sardina pilchardus* sind daher als vorläufig zu werten, deren Bild sich nach Bearbeitung eines adäquaten Probenmaterials in mehr als einer Hinsicht ändern könnte. Um einen Einblick in die Art der untersuchten Probe zu gewähren, ist in Fig. 2 die prozentuelle Längenstreuung dargestellt und die Frequenz innerhalb der einzelnen Längengruppen angegeben.

Auffällig erscheint die enge Längenstreuung über nur 4 cm. Diese ist möglicherweise dadurch begründet, daß die Probe aus den Fängen einer einzigen Nacht und am gleichen Ort stammte (etwa 20 Meilen W von Rovinj). Individuen von 20 und mehr Zentimeter Länge werden allerdings nur ausnahmsweise gefangen.

In Tabelle 6 ist das Verhältnis Schuppenlänge—Fischlänge der einzelnen Altersklassen innerhalb gleicher Längengruppen für *S. pilchardus* dargestellt. Obwohl auch hier deutlich wird, daß die älteren von gleich langen Tieren größere Schuppen besitzen, sind die Unterschiede in den Schuppenlängen der einzelnen Altersklassen nicht gleichermaßen überzeugend wie bei *Sardinops ocellata*. Um die Altersklassen auf Grund ihrer Schuppenlängen verläßlich voneinander unterscheidbar zu machen, sind die Differenzen der Schuppenlängen zwischen den größten Individuen einer Altersklasse und den kleinsten der nächst älteren zu gering, besonders bei den Klassen III+, IV+ und V+. Am ehesten scheint eine Trennung der Klassen II+ und III+ möglich zu sein. Es muß jedoch erwähnt werden, daß die Schuppen von *S. pilchardus* in Größe und Habitus recht große Unterschiede aufweisen. Selbst die Schuppen ein und desselben Tieres können in Größe und Form beträchtlich voneinander abweichen. Dazu kommt, daß die Ausbildung der Jahresringe oftmals sehr „weich" ist, auch Ringverdopplung (accessory rings, R. Mužinič und I. D. Richardson, 1958) konnte häufig festgestellt werden. Diese Ringe, auch „Condition Rings", „Secondery Rings" bezeichnet (Blackburn, M., 1951) und von Savage (1919) unter polarisiertem Licht untersucht, treten besonders häufig in der Nähe des ersten Ringes auf, konnten jedoch auch bei jedem anderen Ring beobachtet werden. Durch Doppelringbildung, aber mehr noch durch Diffusion eines Ringes wird die Meßgenauigkeit beeinträchtigt, so daß aus einem Material, wenn von verschiedenen Beobachtern bearbeitet, unter Umständen voneinander abweichende Ergebnisse abgeleitet werden könnten. R. Mužinič (1959) berichtet hierzu: „Three types of rings, i.e., sharp, narrow and diffuse were distinguished and discussed in detail. The division proofed to be rather loose, as differences in appearance occur on the same ring with in a single fish and even within a single ring."

Über ähnlich unklare Verhältnisse bei der Jahresringbestimmung an Heringschuppen schreibt Schneider (1910): „Es können bei kleinen Schuppen zwei oder mehr Ringe verschmelzen, die bei größeren Schuppen desselben Exemplares deutlich zu unterscheiden sind." „Bisweilen sieht man ferner, daß bei unsymmetrischen Schuppen auf der einen Seite zwei Ringe zusammenfließen, die in der anderen Hälfte der Schuppe getrennt sind."

Das Verhältnis Fischlänge—Schuppenlänge der einzelnen Altersklassen beim Fang nach direkten Messungen und bei vollen Jahren nach der Rückberechnung ist in Tabelle 7 wiedergegeben. Wie bei *Sardinops ocellata* wurden die über ein Jahr hinausgewachsenen Altersgruppen mit einem + gekennzeichnet. Die Werte für Fisch- und Schuppenlängen der jüngsten Altersgruppe im Fang (II+) sind auf Grund des Selektionsmechanismus der Netze zu groß. Die rückberechneten Werte Or III und L_{III} (Durchschnittswerte aller Altersklassen) sind deshalb auch kleiner als Or T und Lt dieses vorwüchsigen Teiles der Klasse II+ im Fang.

Wachstumsuntersuchungen an *Sardina pilchardus* wurden unter anderem ausgeführt von G. Belloc, 1932; P. Debrosses, 1933; L. Fage, 1913 und 1920; B. Andreu, I. Rodriguez-Roda und M. G. Larraneta, 1950; I. Furnestin, 1946; J. Le Gall, 1930; M. Murat, 1935; P. Andre, 1938; J. Tiago de Oliveira, 1953 und R. Monteiro und M. Ruvio, 1954. Die von einigen Bearbeitern aus den Schuppenlängen rückberechneten Fischlängen bei vollen Jahren sind in nachfolgender Zusammenstellung wiedergegeben.

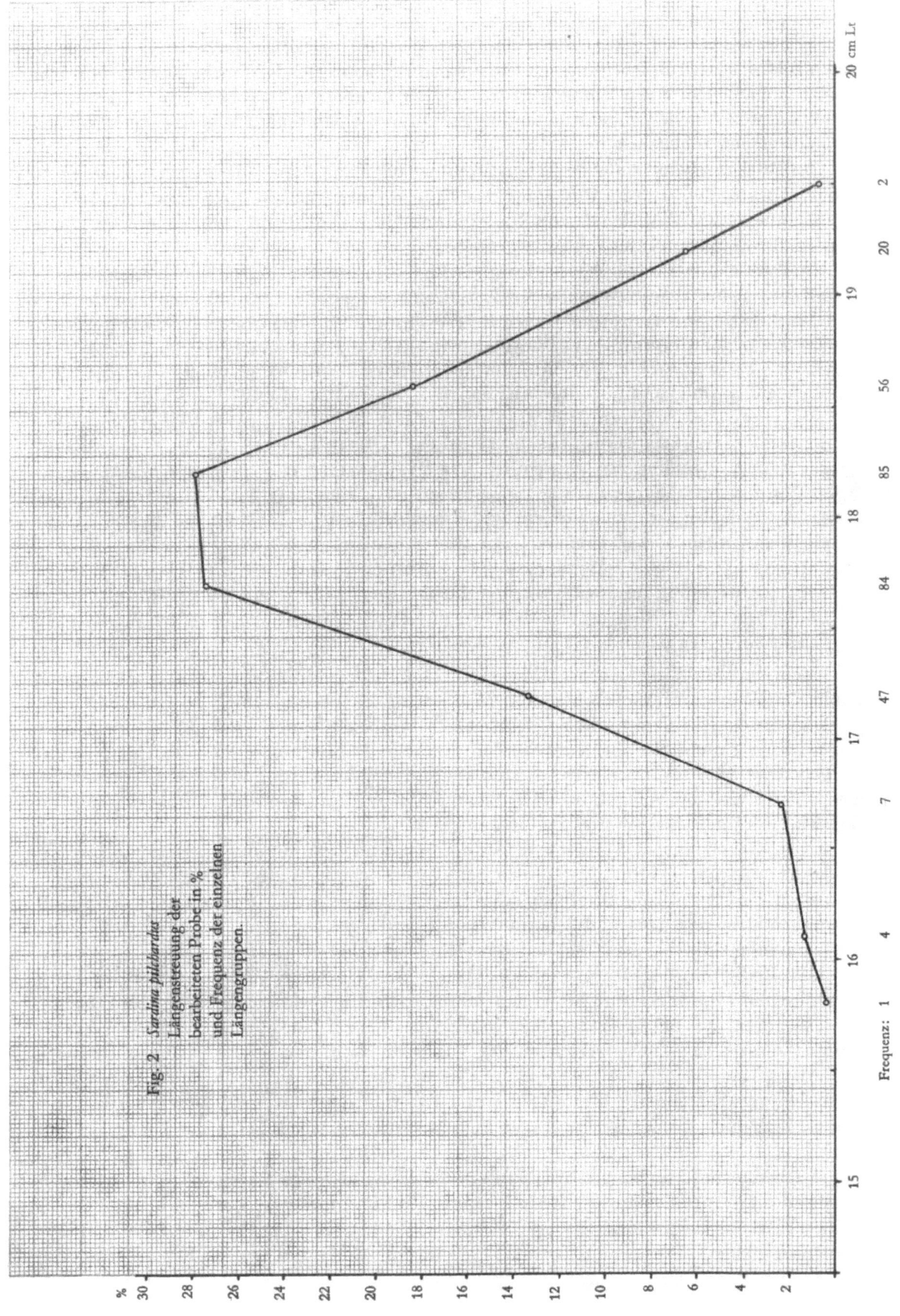

Fig. 2 *Sardina pilchardus*
Längenstreuung der bearbeiteten Probe in % und Frequenz der einzelnen Längengruppen.

Bearbeiter	L_I	L_{II}	L_{III}	L_{IV}	L_V	L_{VI}
L. Fage 1920	10,9	15,3	16,8	17,6		
P. Arnê 1928	13,3	15,4	17,7	18,2	19,1	20,7
Furnestin 1940	8,0	15,0				
Furnestin 1942	6,5	13,7				
G. Belloc 1932	8,5	12,7	15,1	16,6		
P. Debrosses 1933	8,3	13,8	16,8	17,7	17,9	
J. le Gall 1928 + 1930	12,0	15,7	16,8	17,4	17,9	18,3
Murat 1933	11,9	14,6	15,6	15,9		
Andreu et all. 1950	11,8	14,3	15,1	15,5	16,6	

Tabelle 6

Sardina pilchardus. Verhältnis Lt—Or T der einzelnen Altersklassen. Schuppenlängen gleich langer Fische verschiedener Altersklassen in der Probe vom August 1961 aus Rovinj.

Alters-klassen	cm/Lt								
	15,5 bis 15,9	16,0 bis 16,4	16,5 bis 16,9	17,0 bis 17,4	17,5 bis 17,9	18,0 bis 18,4	18,5 bis 18,9	19,0 bis 19,4	19,5 bis 19,9
II+	3,8	3,8	3,8	3,9	3,9	3,9			
III+		4,1	4,1	4,1	4,1	4,2	4,2	4,2	
IV+				4,2	4,2	4,3	4,3	4,5	
V+					4,2	4,4	4,4	4,4	4,5

Tabelle 7

Sardina pilchardus. Verhältnis Fischlänge—Schuppenlänge der einzelnen Altersklassen bei vollen Jahren und beim Fang. Zugleich Wachstumsraten.

Die Werte für Or I—Or VI und L_I—L_{VI} sind Durchschnitte aller in der Probe vorhandenen Altersklassen.

I		II		III		IV		V		VI	
Or I	L_I	Or II	L_{II}	Or III	L_{III}	Or IV	L_{IV}	Or V	L_V	Or VI	L_{VI}
2,23	10,5	3,28	13,9	3,81	15,9	4,13	17,9	4,31	18,5	4,80	19,5

I+		II+		III+		IV+		V+		VI+	
Or T	Lt	Or T	Lt	Or T	Lt	Or T	Lt	Or T	Lt	Or T	Lt
—	—	3,83	16,9	4,09	17,8	4,20	18,3	4,43	18,7	4,90	19,5

c) *Clupea harengus*, Ostseehering. Frühjahrslaicher

Das Material, welches aus sieben Proben von 435 Fischen bestand, setzte sich aus den Längengruppen 20 cm bis 32 cm zusammen. In diesen Längengruppen waren die Altersklassen I+ bis VI+ vertreten. Die Altersklassen II+, III+ und IV+ stellten 84%, die Altersklasse I+ 9% der Proben; den Rest bildeten die Altersklassen V+ und VI+. In einzelnen Längengruppen überschnitten sich bis zu vier Altersklassen. Das Verhältnis Fischlänge—Schuppenlänge aller Altersklassen ist beim Ostseehering weitgehend linear (Fig. 3, Eichkurve). Der Korrelations-Koeffizient aus den Mittelwerten beträgt +0,99. Innerhalb der einzelnen Altersklassen ändert sich das Verhältnis jedoch beträchtlich, was in der Abnahme der positiven Korrelation seinen Ausdruck findet. Für die Altersklasse I+ beträgt der Korrelationskoeffizient +0,58, der mittlere Fehler der Längen ±0,08. Korrelationskoeffizient und mittlerer Fehler der Längen für die Altersklassen II+ und III+ betragen +0,65 und ±0,03 respektive +0,55 und ±0,04. Bei der Altersklasse IV+ erreicht der Korrelationskoeffizient den niederen Wert von +0,1, der mittlere Fehler der Längen ist ±0,05. Hier herrscht also nur mehr eine ganz schwache Korrelation zwischen Fisch- und Schuppenlänge, was mit anderen Worten besagt, daß die Abhängigkeit der Schuppenlänge von der Fischlänge im Vergleich zur Abhängigkeit vom Alter recht gering ist. Tatsächlich ist die Variationsbreite der Schuppenlängen von 0,3 mm relativ zur Variationsbreite der Fischlängen sehr klein (Tabelle 8). Da nach der Wahrscheinlichkeitsverteilung der Längengruppen innerhalb der Altersklassen die Frequenz von 30 cm langen Tieren der IV+-Klasse sehr gering ist (in den Proben nur 1 Tier) und diese Längengruppe in der statistischen Bearbeitung deshalb nur eine untergeordnete Rolle spielt, kann die praktische Variationsbreite der Schuppenlänge sogar mit nur 0,2 mm angegeben werden. Der ganzen Altersklasse, die immerhin eine Längenstreuung von 25 cm bis 30 cm Totallänge aufweist, ist also ein sehr enger Bereich von Schuppenlängen zu eigen, welche kaum noch mit den Fischlängen korreliert sind. Die große positive Korrelation Fischlänge—Schuppenlänge, die in der Eichkurve auftritt, kommt demnach beim Ostseehering wie bei allen anderen Clupeiden durch die Addition der Kurven aller Altersklassen zustande. Zur Verdeutlichung der Verhältnisse sind in Fig. 4 die Relationen Fischlänge—Schuppenlänge der einzelnen Altersklassen I+ bis IV+ dargestellt. Die einzelnen Kurvenabschnitte geben zwar kein ganz genaues Bild der Relation Fisch—Schuppenlänge der einzelnen Altersklassen, eine übersichtsmäßige Orientierung kann daraus jedoch gewonnen werden.

Von den Altersgruppen V+ und VI+ waren zu wenig Tiere in den Proben vorhanden (21 und 7 Stück), als daß über die Korrelation zwischen Fisch- und Schuppenlänge definitive Aussagen gemacht werden könnten. Durch den relativ engeren Streuungsbereich der Schuppenlängen als der Fischlängen in den einzelnen Altersklassen kann für den Ostseehering das Alter aus der Beziehung Schuppenlänge—Fischlänge bestimmt werden (Tabelle 8). Überschneidungen der Schuppenlängen zwischen den größten Vertretern einer Altersklasse und den kleinsten der nächstälteren kommen zwar bei je zwei benachbarten Altersklassen vor, jedoch lassen sich auf Grund der Fischlängen bei einer in zwei Altersklassen auftretenden Schuppenlänge die Altersklassen trennen, ähnlich wie dies für *Sardinops ocellata* angegeben wurde.

Das Verhältnis Fischlänge—Schuppenlänge der einzelnen Altersklassen bei vollen Jahren ist in den Tabellen 9 bis 13 angegeben. Die Altersklassen wurden in dieser vergleichenden Zusammenstellung der einzelnen Jahresklassen nach ihren Fischlängen beim Fang geordnet. Damit ist eine Gruppierung nach Wüchsigkeit vorgenommen worden, und es muß das Leesche Phänomen zum Ausdruck kommen. Tatsächlich werden die rückberechneten Fisch- und Schuppenlängen innerhalb der einzelnen Längengruppen im allgemeinen auch immer kleiner, von je älteren Fischen die Rückberechnung ausging. Bei den rückberechneten Werten für die Jahresklassen 1954/1955 und besonders 1955/1956 (Altersklassen IV+, V+ und VI+ im Fang) tritt das Leesche Phänomen nicht so deutlich in Erscheinung als bei den anderen Jahresklassen. Dies ist aus der ungenügenden Größe des Probenmaterials dieser Altersklassen zu erklären. Während die entsprechenden Daten zumindest im mittleren Bereich der anderen Altersklassen Durchschnittswerte jeweils mehrerer Individuen vergegenwärtigen, treten in den einzelnen Längengruppen der Altersklassen V+ und VI+ (Jahresklassen 1954 und 1956) die Tiere mehr oder weniger vereinzelt auf; die letztere wird mit Ausnahme der Längengruppe 30 cm, wo zwei Tiere vorhanden sind, überhaupt nur durch ein Tier pro Längengruppe repräsentiert. Es darf deshalb nicht angenommen werden, daß die Werte dieser gering frequentierten Altersklassen gleich gut und vergleichbar mit den aus den häufiger frequentierten sind. Wie weiter oben angegeben, beträgt die Standardabweichung der Schuppenlänge innerhalb einer Längengruppe einer Jahresklasse bis zu ±0,24 mm. Die tatsächliche Streuung der Or T-Werte zwischen den einzelnen Individuen liegt dementsprechend höher und die Messung der Schuppen eines Einzeltieres sagt über die mittlere Schuppenlänge einer Längengruppe auch innerhalb ein und derselben Altersklasse nichts aus. Es wäre zu erwarten, daß z. B. die Or V-Werte der Jahresklasse 1954 bei Zugrundeliegen eines umfassenderen Untersuchungsmaterials kleiner würden, während die rückberechneten Lv-Werte eher den tatsächlichen Verhältnissen entsprechen könnten.

Bei der Betrachtung der Or I-Werte der Jahresklasse 1959 ist zu berücksichtigen, daß diese Werte innerhalb der einzelnen Längengruppen nicht nur durch das Leesche Phänomen größer sind als die Or I-Werte der Jahresklasse 1958, sondern auch deshalb, weil sie aus der jüngsten im Fang auftretenden Altersklasse (I+) rückberechnet wurden. Hier kommt also zusätzlich die Wirksamkeit des Selektionsmechanismus der Maschenweite der Fanggeräte zum Ausdruck. Dies wird besonders deutlich im Vergleich des aus der ganzen Altersklasse gemittelten rückberechneten Or I mit den Or I-Werten, welche den Durchschnitt der (im Fang) älteren Altersklassen darstellen.

Werden aus dem in den Tabellen 9—13 wiedergegebenen Zahlenmaterial die Durchschnittswerte für die jeweilige gesamte Alters-(= Jahres-)Klasse ermittelt, so verschwindet das Leesche Phänomen sofort (Tabelle 14). Es geht klar daraus hervor, daß das Leesche Phänomen nur durch die Art der Materialanordnung hervorgerufen wurde. Auch wenn die Fische der einzelnen Altersklassen nach den Fischlängen, die ihnen bei vollen Jahren zu eigen waren, geordnet werden, korrespondieren die Schuppenlängen der einzelnen Altersklassen gut miteinander bzw. zeigen sie eine normale, zufällige Variation.

Die Ergebnisse der Altersbestimmung nach der herkömmlichen Methode der Jahresringbestimmung an den Schuppen werden in Tabelle 15 mit den Resultaten der Altersbestimmung nach der Schlüsseltabelle verglichen. Beiden Altersbestimmungen lag das gleiche Material zugrunde. Der Ostseehering wurde deshalb als Beispiel für diese Untersuchung gewählt, weil das Probenmaterial nach Zusammensetzung und Umfang einem für viele fischereibiologische Arbeiten zugrunde gelegten Material ähnlich ist. Daß ein viel größeres Material noch bessere Resultate zeitigen würde, ist selbstverständlich und auch aus den voneinander abweichenden Werten in den am wenigsten frequentierten Altersklassen der vorliegenden Untersuchung zu ersehen. Es sollte aber gerade gezeigt werden, daß auch aus einem relativ kleinen Material durchaus brauchbare Ergebnisse erzielt werden können. Die Gesamtzahl bzw. Prozentzahl der Individuen pro Altersklasse liefert nach der Altersbestimmung auf Grund der Schlüsseltabelle Werte, die im Bereich der Fehlergrenze bei Altersbestimmungen überhaupt liegen dürften und den Anforderungen an die statistische Bestimmung der Alterszusammensetzung eines Fischstockes genügen. Darauf soll später noch einmal kurz eingegangen werden.

Clupea harengus, Islandhering

Insgesamt wurden im September/Oktober 1962 in Island 797 Heringe untersucht.

Das in Siglúfjördur gesammelte Probenmaterial setzte sich aus isländischen, nordnorwegischen und südnorwegischen Heringen zusammen. In früheren Jahren blieb der isländische Hering bis zu seinem sechsten Jahr an der Südküste Islands und zog erst dann nach Norden, wo er während der Sommermonate Juli bis etwa 20. August als siebenjähriger und älter auf den Weidegründen gefangen wurde. Die Länge der im Norden gefangenen Heringe betrug 35 cm und mehr. 1962 wurden nördlich Islands erstmals zweijährige Islandheringe gefangen. Allerdings wurden diese Jungfische erst in der zweiten Augusthälfte und bis etwa 20. September, also nach dem bisherigen Ende der Fangsaison, und nicht auf den üblichen Fangplätzen, sondern weiter nördlich gefangen. Die Verlagerung des Fangortes und der Fangzeit beruht auf hydrographischen Verhältnissen, die im folgenden andeutungsweise beschrieben werden sollen.

Im späten Juli 1962 drangen Zungen polarer Wassermassen mit Temperaturen unter $6°C$ gegen das warme atlantische Wasser vor und drückten die Mischungszone näher an die isländische Nordküste heran. Diese Verhältnisse blieben über August bis in den September hinein erhalten. Die ungewöhnlich guten Nahrungsverhältnisse in der Mischwasserzone waren zweifellos für die sporadische Bildung großer Heringsschwärme verantwortlich. Die

Tabelle 8

Clupea harengus, Ostseehering. Verhältnis Lt—OrT der einzelnen Altersklassen. Schlüsseltabelle. Schuppenlängen gleich langer Fische verschiedener Altersklassen. Durchschnittswerte von 405 Individuen.

Alters-klassen	cm/Lt																								
	20,0 bis 20,4	20,5 bis 20,9	21,0 bis 21,4	21,5 bis 21,9	22,0 bis 22,4	22,5 bis 22,9	23,0 bis 23,4	23,5 bis 23,9	24,0 bis 24,4	24,5 bis 24,9	25,0 bis 25,4	25,5 bis 25,9	26,0 bis 26,4	26,5 bis 26,9	27,0 bis 27,4	27,5 bis 27,9	28,0 bis 28,4	28,5 bis 28,9	29,0 bis 29,4	29,5 bis 29,9	30,0 bis 30,4	30,5 bis 30,9	31,0 bis 31,4	31,5 bis 31,9	32,0 bis 32,4
I +	3,7	3,7	3,8	3,9	4,0	4,0	4,0	4,0	4,1																
II +		4,1	4,1	4,1	4,2	4,2	4,2	4,2	4,3	4,3	4,4	4,4	4,5	4,6	4,6	4,7									
III +						4,5	4,5	4,5	4,5	4,6	4,6	4,7	4,7	4,8	4,8	4,8	4,8	4,9	4,9						
IV +										4,9	4,9	4,9	4,9	5,0	5,0	5,0	5,0	5,0	5,1	5,1	5,2				
V +																	5,2	5,2	5,2	5,3	5,3	5,4			
VI +																			5,5	5,5	5,5	5,4	—	5,8	5,5

Tabelle 9

Clupea harengus, Ostseehering. Verhältnis Or I—L_I der einzelnen Jahresklassen, geordnet nach Längen beim Fang.

Jahres-klassen	Alters-klassen im Fang	Or I bis L_I	cm/Lt																								
			20,0 bis 20,4	20,5 bis 20,9	21,0 bis 21,4	21,5 bis 21,9	22,0 bis 22,4	22,5 bis 22,9	23,0 bis 23,4	23,5 bis 23,9	24,0 bis 24,4	24,5 bis 24,9	25,0 bis 25,4	25,5 bis 25,9	26,0 bis 26,4	26,5 bis 26,9	27,0 bis 27,4	27,5 bis 27,9	28,0 bis 28,4	28,5 bis 28,9	29,0 bis 29,4	29,5 bis 29,9	30,0 bis 30,4	30,5 bis 30,9	31,0 bis 31,4	31,5 bis 31,9	32,0 bis 32,4
1959	I+	Or I / L_I	2,20 / 12,23	2,40 / 13,54	2,59 / 14,94	2,63 / 14,60	2,60 / 14,35	2,62 / 15,09	2,77 / 15,79	2,90 / 16,96	3,20 / 19,07																
1958	II+	Or I / L_I		2,30 / 11,50	— / —	2,71 / 13,77	2,50 / 15,42	2,34 / 12,78	2,29 / 12,48	2,46 / 13,87	2,37 / 13,27	2,36 / 13,55	2,41 / 13,74	2,51 / 14,46	2,51 / 14,88	2,61 / 15,35	2,53 / 14,72	2,90 / 16,67									
1957	III+	Or I / L_I							2,10 / 10,94	2,30 / 11,64	2,52 / 13,68	2,36 / 12,60	2,35 / 12,99	2,54 / 14,07	2,51 / 13,83	2,73 / 15,42	2,52 / 14,29	2,41 / 13,81	2,57 / 15,03	2,62 / 15,59	2,63 / 16,02	2,50 / 16,02					
1956	IV+	Or I / L_I										2,30 / 11,73	— / —	2,60 / 13,52	2,46 / 13,41	2,56 / 14,13	2,52 / 13,63	2,51 / 14,13	2,60 / 14,90	2,60 / 15,18	2,53 / 14,88	2,40 / 16,20	2,67 / 15,02				
1955	V+	Or I / L_I															2,80 / 14,06		2,45 / 12,74	2,48 / 13,76	2,75 / 15,21	2,60 / 15,05	2,50 / 14,65	2,57 / 15,03			
1954	VI+	Or I / L_I																				2,40 / 12,64	2,30 / 12,47	2,50 / 13,80	2,30 / 13,04	— / —	2,70 / 14,55	2,60 / 15,42

Tabelle 10

Clupea harengus, Ostseehering. Verhältnis Or II—L$_{II}$ der einzelnen Jahresklassen, geordnet nach Längen beim Fang.

Jahresklassen	Altersklassen im Fang	Or II / L$_{II}$	cm/Lt																						
			20,5 bis 20,9	21,0 bis 21,4	21,5 bis 21,9	22,0 bis 22,4	22,5 bis 22,9	23,0 bis 23,4	23,5 bis 23,9	24,0 bis 24,4	24,5 bis 24,9	25,0 bis 25,4	25,5 bis 25,9	26,0 bis 26,4	26,5 bis 26,9	27,0 bis 27,4	27,5 bis 27,9	28,0 bis 28,4	28,5 bis 28,9	29,0 bis 29,4	29,5 bis 29,9	30,0 bis 30,4	30,5 bis 30,9	31,0 bis 31,4	31,5 bis 31,9	32,0 bis 32,4
1958	II+	Or II / L$_{II}$	3,40 / 17,00	— / —	3,70 / 18,80	3,20 / 19,74	3,62 / 19,76	3,75 / 20,44	3,80 / 21,43	3,87 / 21,67	3,87 / 22,21	3,89 / 22,17	3,99 / 22,98	3,83 / 22,71	3,93 / 23,11	4,15 / 24,19	4,30 / 24,72									
1957	III+	Or II / L$_{II}$						3,35 / 17,45	4,00 / 20,24	3,78 / 20,52	3,95 / 21,09	3,77 / 20,85	3,97 / 21,99	3,97 / 21,87	3,87 / 21,86	3,95 / 22,40	3,95 / 22,40	3,93 / 22,99	3,78 / 22,49	3,80 / 23,14	3,80 / 24,36					
1956	IV+	Or II / L$_{II}$										3,80 / 19,38		3,80 / 19,76	3,71 / 20,22	3,75 / 20,29	3,92 / 21,64	3,77 / 21,22	3,74 / 21,43	3,71 / 21,67	3,74 / 21,99	3,75 / 22,76	3,80 / 23,79			
1955	V+	Or II / L$_{II}$														3,60 / 18,07	— / —	3,55 / 18,46	3,52 / 19,54	3,77 / 20,85	3,45 / 19,98	3,62 / 21,24	3,70 / 21,64			
1954	VI+	Or II / L$_{II}$																		3,60 / 18,97	3,50 / 18,97	3,65 / 20,15	3,40 / 19,28	— / —	3,90 / 21,02	3,80 / 22,53

Tabelle 11

Clupea harengus, Ostseehering. Verhältnis Or III—L$_{III}$ der einzelnen Jahresklassen, geordnet nach Längen beim Fang.

Jahresklassen	Altersklassen im Fang	Or III / L$_{III}$	cm/Lt																			
			23,0 bis 23,4	23,5 bis 23,9	24,0 bis 24,4	24,5 bis 24,9	25,0 bis 25,4	25,5 bis 25,9	26,0 bis 26,4	26,5 bis 26,9	27,0 bis 27,4	27,5 bis 27,9	28,0 bis 28,4	28,5 bis 28,9	29,0 bis 29,4	29,5 bis 29,9	30,0 bis 30,4	30,5 bis 30,9	31,0 bis 31,4	31,5 bis 31,9	32,0 bis 32,4
1957	III+	Or III / L$_{III}$	4,25 / 22,14	4,50 / 22,77	4,26 / 23,86	4,42 / 23,63	4,30 / 23,78	4,44 / 24,62	4,49 / 24,74	4,44 / 25,09	4,55 / 25,80	4,52 / 25,90	4,51 / 26,38	4,43 / 26,36	4,47 / 27,22	4,40 / 28,20					
1956	IV+	Or III / L$_{III}$					4,45 / 22,69	— / —	4,50 / 23,40	4,39 / 23,92	4,43 / 23,97	4,48 / 24,73	4,47 / 25,19	4,40 / 25,21	4,41 / 25,75	4,46 / 26,22	4,37 / 26,53	4,50 / 28,17			
1955	V+	Or III / L$_{III}$									4,50 / 22,59	— / —	4,65 / 24,18	4,34 / 24,09	4,50 / 24,88	4,30 / 24,90	4,32 / 25,34	4,50 / 26,32			
1954	VI+	Or III / L$_{III}$											4,30 / 22,66	4,30 / 23,30	4,30 / 24,29	4,40 / 24,29	4,30 / 24,38	— / —	— / —	4,80 / 25,87	4,40 / 26,09

Tabelle 12

Clupea harengus, Ostseehering. Verhältnis Or IV—L_{IV} der einzelnen Jahresklassen, geordnet nach Längen beim Fang.

Jahres-klassen	Alters-klassen im Fang	Or IV L_{IV}	cm/Lt													
			25,0 bis 25,4	25,5 bis 25,9	26,0 bis 26,4	26,5 bis 26,9	27,0 bis 27,4	27,5 bis 27,9	28,0 bis 28,4	28,5 bis 28,9	29,0 bis 29,4	29,5 bis 29,9	30,0 bis 30,4	30,5 bis 30,9	31,0 bis 31,4	31,5 bis 31,9	32,0 bis 32,4
1956	IV+	Or IV L_{IV}	4,85 24,73	— —	4,85 25,22	4,76 25,94	4,82 26,08	4,84 26,72	4,82 27,16	4,79 27,45	4,78 27,91	4,83 28,40	4,73 28,71	4,80 30,05			
1955	V+	Or IV L_{IV}					5,00 25,10	— —	5,00 26,00	4,70 26,08	4,87 26,96	4,75 27,50	4,70 27,54	4,80 28,08			
1954	VI+	Or IV L_{IV}									4,80 25,30	4,70 25,47	4,80 26,50	4,70 26,65	— —	5,20 28,03	4,80 28,46

Tabelle 13

Clupea harengus, Ostseehering. Verhältnis Or V—L_V der einzelnen Jahresklassen, geordnet nach Längen beim Fang.

Jahres-klassen	Alters-klassen im Fang	Or V L_V	cm/Lt											
			27,0 bis 27,4	27,5 bis 27,9	28,0 bis 28,4	28,5 bis 28,9	29,0 bis 29,4	29,5 bis 29,9	30,0 bis 30,4	30,5 bis 30,9	31,0 bis 31,4	31,5 bis 31,9	32,0 bis 32,4
1955	V+	Or V L_V	5,20 26,10	— —	5,20 27,04	4,96 27,52	5,10 28,20	4,95 28,66	4,97 29,15	5,07 29,66			
1954	VI+	Or V L_V					5,20 27,40	5,00 27,10	5,10 28,15	5,00 28,35	— —	5,50 29,64	5,00 29,65

Tabelle 14

Clupea harengus, Ostseehering. Durchschnitts-Or I bis Or VI und L_I bis L_{VI} sowie Lt und Or T beim Fang der Jahresklassen 1954 bis 1959; zugleich jährliche Wachstumsraten von Fisch- und Schuppenlängen der einzelnen Jahresklassen und deren Durchschnitt.

Jahres-klassen	Or I—Or VI L_I—L_{VI}	Volle Jahre						Or T und Lt beim Fang	Altersklasse im Fang	Stück
		I	II	III	IV	V	VI			
1959	Schuppenlänge Fischlänge	2,62 14,88						3,92 22,03	I+	36
1958	Schuppenlänge Fischlänge	2,44 13,86	3,79 21,53					4,33 24,61	II+	148
1957	Schuppenlänge Fischlänge	2,53 14,40	3,90 22,19	4,47 25,43				4,74 26,96	III+	126
1956	Schuppenlänge Fischlänge	2,56 14,57	3,76 21,93	4,43 25,21	4,80 27,31			4,99 28,36	IV+	67
1955	Schuppenlänge Fischlänge	2,57 14,42	3,61 20,25	4,42 24,80	4,79 26,90	5,04 28,27		5,21 29,25	V+	21
1954	Schuppenlänge Fischlänge	2,47 13,66	3,64 20,12	4,41 24,39	4,83 26,71	5,13 28,37	5,34 29,53	5,51 30,49	VI+	7
Durch-schnitt	Schuppenlänge Fischlänge	2,50 14,18	3,81 21,20	4,45 24,96	4,80 26,97	5,06 28,32	5,34 29,53		Total	405

Heringsschwärme blieben auf Grund der günstigen Verhältnisse bis über Mitte September hinaus im Norden Islands (zwischen 67° und 68° N) und erhielten während des Augusts durch eine Invasion von eingelangten Jungheringen (Fische ab den Klassen II+ und III+) Zuzug. Während die II+-Tiere ausschließlich durch isländische Heringe repräsentiert wurden, befanden sich unter den III+-Tieren, wie durch Markierungsexperimente belegt werden konnte, einige südnorwegische Heringe der Jahresklasse 1959. Da in früheren Jahren die Gebiete so weit im Norden Islands (etwa 100 Meilen) nie befischt worden waren und die Saison im Norden mit 20. August endete, kann nicht ausgesagt werden, ob vielleicht auch früher schon ein Zuzug von isländischen und norwegischen Jungheringen in diese weit nördlich gelegenen Gründe und zu dieser späten Zeit erfolgte. Bezüglich des Erscheinens der Jahresklasse 1959 der südnorwegischen Heringe auf den nordisländischen Fischgründen ist J. JAKOBSSON (1962) jedoch der Annahme, daß es sich hierbei um eine ungewöhnliche Wanderungsform handelt. Wörtlich sagt er: „The presence of the Norwegian 1959 year class on the North and East coast fishing grounds in August this year suggest, that this yearclass may have unusual migration pattern, since normally the Norwegian yearclasses do not enter Icelandic waters in great quantity until they have spawned several times." Diese Meinung vertritt auch A. FRIDRIKSSON (1948).

Die Lokation der großen Schwärme weit im Norden, die der isländischen Heringsfischerei eine Rekordernte einbrachte, wurde durch fischereibiologische Untersuchungen und verbesserte Fischortungsgeräte erstmals 1962 möglich.

Auf diese fischereilichen Verhältnisse mußte kurz eingegangen werden, um das im September in Siglufjördur gesammelte Probenmaterial zu charakterisieren. Deshalb enthielt das Material Jungfische des isländischen und auch des südnorwegischen Herings, während in den Fängen nördlich Islands in vorangegangenen Jahren nur alte Islandheringe und alte norwegische Heringe gefangen wurden.

Um die für die vorliegenden Arbeiten nötigen Untersuchungen ausführen zu können, mußten die einzelnen Gruppen erst aus dem Material getrennt werden. Während die Trennung des isländischen Herings vom nordnorwegischen Hering auf Grund der Schuppen relativ einfach ist, gestaltete sich die Unterscheidung zwischen isländischen und südnorwegischen Heringen, und hier wieder besonders der Jungfische, durchaus nicht immer als einfach. Der isländische Hering wächst in den ersten Jahren sehr schnell (III+-Fische

Tabelle 15

Clupea harengus, Ostseehering. Frequenz der Altersklassen innerhalb der einzelnen Längenklassen; A: nach der Altersbestimmung an den Schuppen, B: nach der Altersbestimmung mittels der Schlüsseltabelle.

Altersklassen		20,0 bis 20,4	20,5 bis 20,9	21,0 bis 21,4	21,5 bis 21,9	22,0 bis 22,4	22,5 bis 22,9	23,0 bis 23,4	23,5 bis 23,9	24,0 bis 24,4	24,5 bis 24,9	25,0 bis 25,4	25,5 bis 25,9	26,0 bis 26,4	26,5 bis 26,9	27,0 bis 27,4	27,5 bis 27,9	28,0 bis 28,4	28,5 bis 28,9	29,0 bis 29,4	29,5 bis 29,9	30,0 bis 30,4	30,5 bis 30,9	31,0 bis 31,4	31,5 bis 31,9	32,0 bis 32,4	Total	%
											cm/Lt																	
I+	A	2	4	7	3	8	5	3	2	2	4	1	—														36	8,9
	B	2	4	7	1	4	4	2	4	5																	39	9,6
II+	A		1	—	3	1	8	9	23	22	20	21	15	12	8	4	1										148	36,5
	B		1	—	5	5	9	9	20	16	14	22	13	11	7	7	4	3	1	1							148	36,5
III+	A							2	1	5	8	4	11	11	13	16	17	18	9	10	1		1				126	31,1
	B							3	2	8	8	3	13	11	16	12	9	14	9	15	1	3					128	31,6
IV+	A											2	—	2	7	6	5	8	9	14	7	6	1				67	16,5
	B										2	2	—	2	5	5	9	7	10	6	8	7	2				65	16,1
V+	A															1	—	2	5	4	2	4	3	—	—	1	21	5,2
	B															3	1	4	3	5	—	1	2				20	4,9
VI+	A																			1	1	2	1	—	1	1	7	1,7
	B																			2	1	1	—	—	1	—	5	1,2

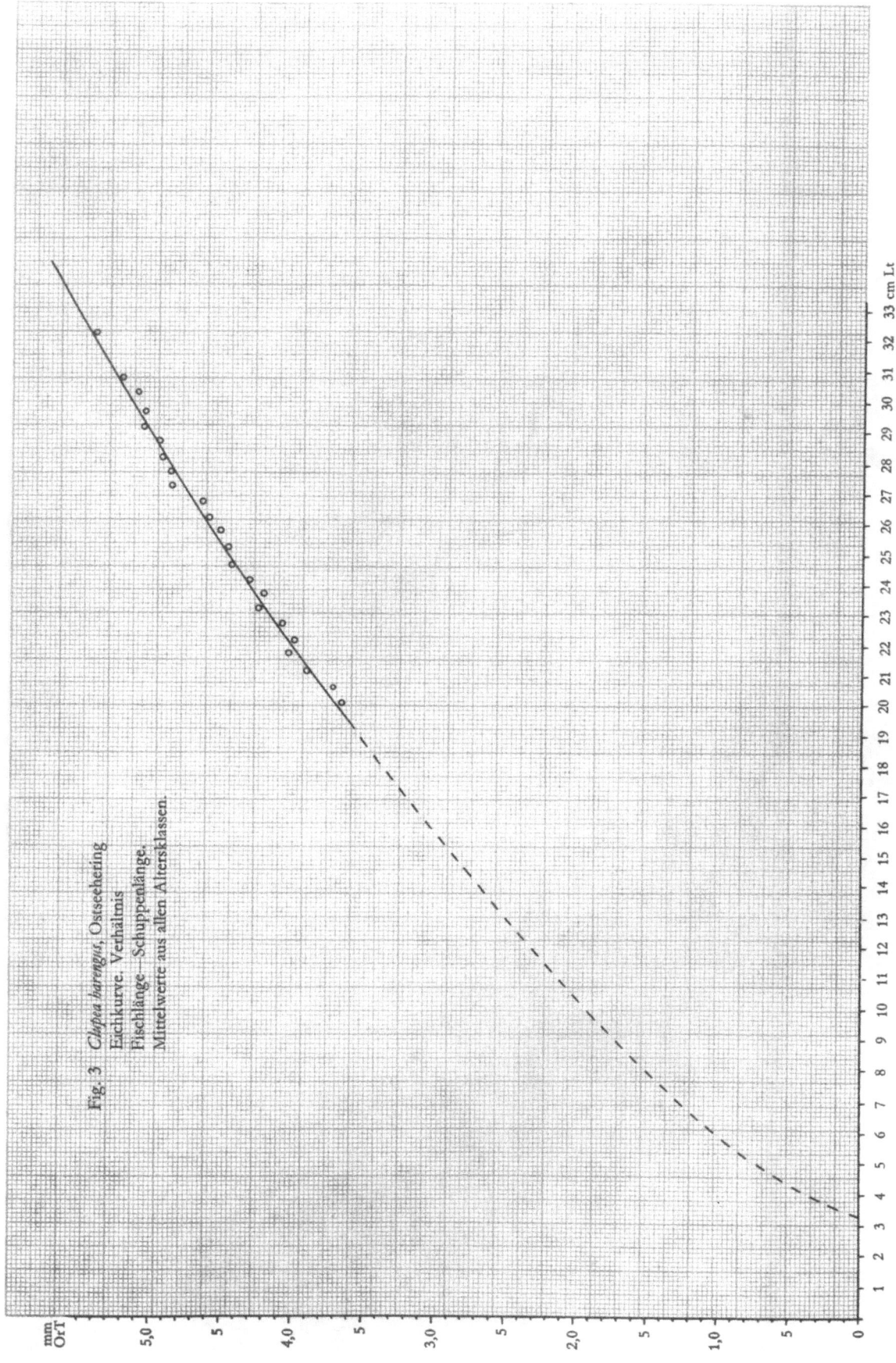

Fig. 3 *Clupea harengus*, Ostseehering
Eichkurve. Verhältnis
Fischlänge – Schuppenlänge,
Mittelwerte aus allen Altersklassen.

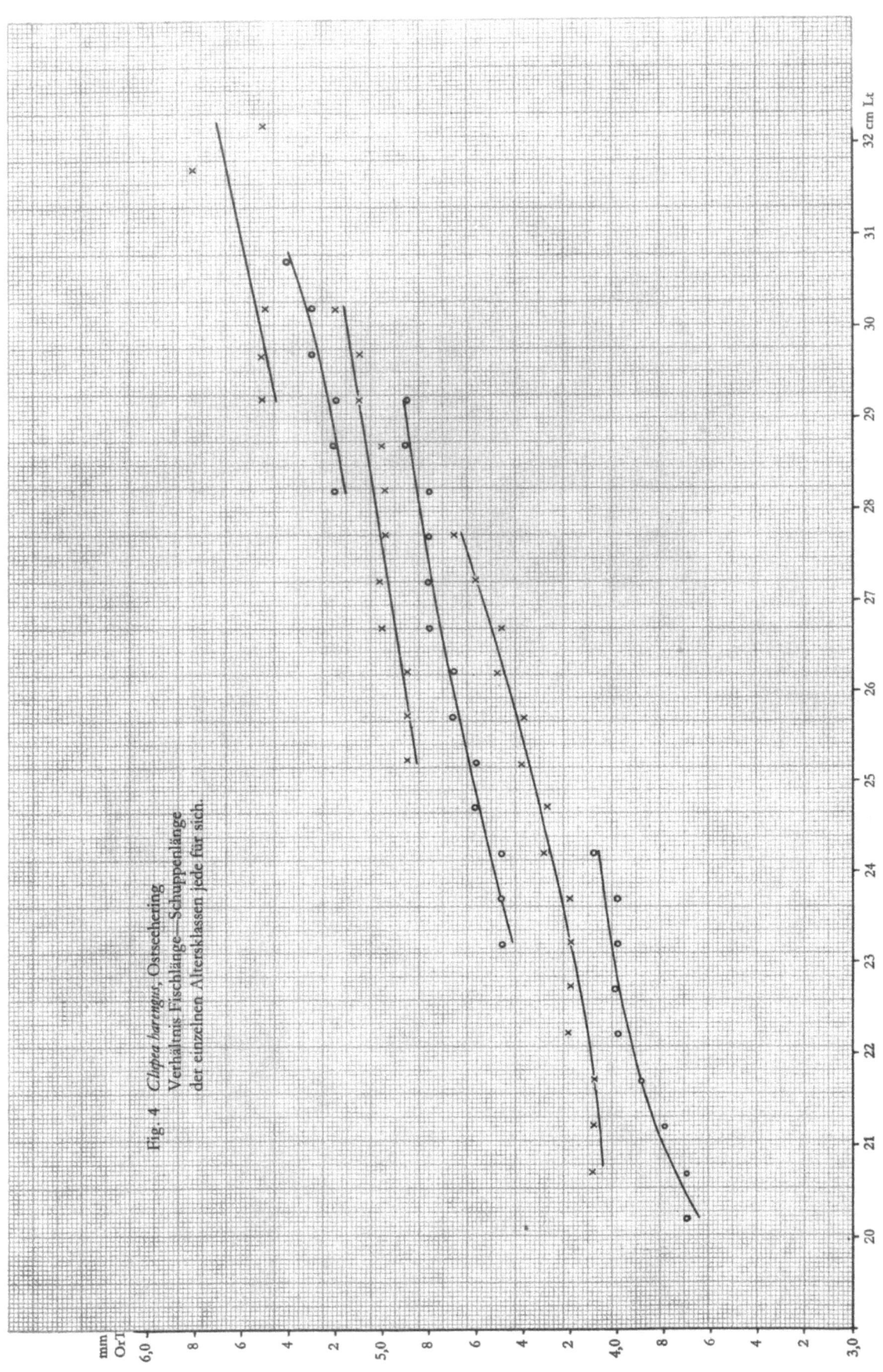

Fig. 4 *Clupea harengus*, Ostseehering
Verhältnis Fischlänge—Schuppenlänge
der einzelnen Altersklassen jede für sich.

werden bis 32 cm lang), die Wachstumszonen an den Schuppen sind vom ersten zum zweiten und vom zweiten zum dritten Jahr sehr breit. Der nordnorwegische Hering wächst dagegen in den ersten Jahren langsam, dann bis zur Laichreife schnell. Es finden sich auf den Schuppen zwei bis sechs „inshore rings", dann ein bis zwei oceanische Ringe, dann Laichringe. Dadurch ist er relativ leicht vom isländischen Hering zu unterscheiden. Einzelne Jahresklassen weisen außerdem ganz charakteristische Ringbildungen auf, an welchen sie mit absoluter Sicherheit erkannt werden können.

Für den südnorwegischen Hering scheint allein typisch zu sein, daß der dritte Ring immer ein oceanischer Ring ist, also etwas diffuser als die beiden ersten. Das Wachstum des südnorwegischen Herings ist in den ersten Jahren wie beim Islandhering rasch, so daß die Unterscheidung auf Grund des Schuppenbildes schwierig ist.

Von den 624 in Siglufjördur untersuchten Heringen waren 106, das sind rund 17%, nordnorwegische und 49, das sind rund 8%, südnorwegische Heringe. 28 Stück waren unbestimmbarer Herkunft und konnten deshalb nicht in die Untersuchung einbezogen werden. Insgesamt konnten also rund 70% des gesammelten Materials als isländische Heringe bestimmt werden.

Das Ende September/Anfang Oktober im Süden Islands in Hafnerfjördur gesammelte Material von 173 Heringen war einheitlicher gewesen, und es mußten nur einige wenige, deren Ursprung unsicher schien, ausgeschieden werden. Insgesamt konnten 597 Tiere für die Untersuchung des Verhältnisses Fischlänge—Schuppenlänge des Islandherings verwendet werden.

Die Proben des isländischen Nordherings setzten sich aus den Längenklassen 19 bis 39 cm zusammen. Es waren vertreten: die Klassen 19 bis 23 cm mit 6,4%, 24 bis 30 cm mit 79,6%, 31 bis 34 cm mit 2,5%, 35 bis 37 cm mit 10,2% und 38 bis 39 cm mit 1,3%. Der hohe Anteil der 24- bis 30-cm-Gruppen in den Fängen kommt durch die zweite Invasion von Heringen im August bis September in den küstenfernen Gewässern nördlich Islands zustande. Bis Ende Juli setzten sich die Schwärme an der Nord- und Ostküste hauptsächlich aus alten norwegischen und isländischen Heringen zusammen (Jahresklassen 1950, 1951 und 1956, J. Jakobsson, 1962). Im August jedoch erhielten diese Schwärme, wie bereits erwähnt, Zuzug einer bedeutenden Menge von Jungheringen (viele II+- und vor allem III+-Fische), wodurch die stark zweigipfelige Längenverteilung der im Norden Islands gefangenen Heringe zustandekommt. Die Längenstreuung der im Süden gefangenen isländischen Heringe bildet dagegen im Bereiche 25 bis 34 cm eine eingipfelige Kurve, die ihr Maximum zwischen 27 und 30 cm hat (Fig. 6).

Abgesehen von einzelnen älteren Individuen (XVII+) setzte sich das Untersuchungsmaterial aus den Altersklassen I+ bis VII+ zusammen. Die Altersklassenzusammensetzung der Proben ist nicht repräsentativ für den Gesamtfang 1962, da bis Ende Juli hauptsächlich alte Jahresklassen (1950, 1951 und 1956) des norwegischen und isländischen Herings gefangen wurden, während im August ein sehr bedeutender Zuzug von Jungheringen (2- bis 3-Ringer) erfolgte. Da aus der Fangzeit Juni—Juli—August keine Proben verfügbar waren, sondern alle aus der Fangzeit September stammen, scheinen weniger alte, dafür mehr Jungheringe darinnen auf. Die Zusammensetzung der Altersklassen in den Proben entspricht daher dem Fangzeitpunkt September 1962, nicht aber der ganzen Fischereisaison. Für den Gesamtfang repräsentative Proben (Juni bis September) hätten das nun bei den Altersklassen II+ und III+ liegende Schwergewicht der Alterszusammensetzung zugunsten der älteren Jahrgänge verschoben.

Bei der Untersuchung des Materials von Islandheringen stellte sich heraus, daß die Wüchsigkeit der im Süden (Hafnerfjördur) gesammelten Heringe von den isländischen Nordheringen stark abweicht. Sowohl Fischtotallängen wie auch Schuppentotalradien der einzelnen Altersklassen nehmen unterschiedlichen Verlauf. Die beiden Gruppen konnten deshalb nicht zusammen bearbeitet werden. Der Kurvenverlauf von O r T der einzelnen

Altersklassen im Fang der isländischen Nord- und Südheringe ist in Fig. 7 dargestellt. Daraus ist ersichtlich, daß die Schuppenradien der bis vierjährigen Nordheringe kleiner sind als die der gleichalten Südheringe. Bei etwa IV+-Jahren überschneiden sich die Kurven der Nord- und Südheringe, und ab dem fünften Jahr sind Or T und Lt der Nordheringe größer als die entsprechenden Werte der Südheringe. Südheringe mit II+-Jahren besaßen zum Fangzeitpunkt eine durchschnittliche Schuppenlänge von 4,8 mm, der Or T der Nordheringe war 4,4 mm. Mit V+-Jahren war der Or T der Nordheringe 5,7 mm, derjenige der Südheringe 5,5 mm. Mit IX+-Jahren ist der Unterschied der Schuppenlänge auf 0,5 mm angewachsen: der Or T der Nordheringe beträgt für diese Altersklasse 6,3 mm, für die Südheringe wurden nur 5,8 mm gemessen.

Ganz ähnlich verhält es sich mit den Fischtotallängen. Bis zu fünf Jahren sind Südheringe länger als gleichalte Nordheringe. Bei der Altersklasse der fünfjährigen überschneiden sich die Kurven, wonach die Nordheringe einen fortgesetzt besseren Wachstumsverlauf erkennen lassen. Die durchschnittliche Länge der II+-jährigen Südheringe betrug zum Fangzeitpunkt 27,6 cm, während die gleich alten Nordheringe 25,4 cm lang waren. Bei V+-Jahren ist das Verhältnis bereits umgekehrt; die Nordheringe dieser Altersklasse sind 33,6 cm lang, wohingegen die Südheringe nur 30,8 cm Totallänge besitzen. Bei IX+-Jahren sind die Nordheringe 36,7 cm lang, die Südheringe dieser Altersklasse haben mit 33,7 cm erst die Länge der fünfjährigen Nordheringe erreicht (Tab. 16).

Auf Grund dieser stark unterschiedlichen Wüchsigkeit der isländischen Nord- und Südheringe muß angenommen werden, daß es sich um zwei verschiedene Heringsgruppen handelt: Nordheringe waren isländische Frühjahrslaicher und die Südheringe Sommerlaicher. Es muß deshalb weiter geschlossen werden, daß der spätsommerliche starke Zuzug von Jungheringen (2- und 3-Ringer) auf die nordisländischen Fanggründe sich nicht aus der Gruppe isländischer Südheringe rekrutierte, aus welcher die Fänge bei Hafnerfjördur herstammten. Sollte die Zuwanderung der Jungheringe aus den südlichen Gebieten erfolgt sein, dann wäre die Annahme zweier unterschiedlich wüchsiger Gruppen oder Laichgemeinschaften von im Süden Islands laichender und heranwachsender Heringe notwendig. Da am Habitus der Schuppen und der Ringanlagen keine Merkmale festgestellt werden konnten, die eine Unterscheidung der beiden Gruppen zuließen, ist die Differenzierung auf Grund des Schuppenbildes nicht möglich. Es müßte eine Untersuchung anderer meristischer Merkmale durchgeführt werden, ähnlich, wie dies bei den verschiedenen Heringsstämmen der Nordsee gehandhabt wird, wobei sich aller Voraussicht nach die von dort zur Genüge bekannten Schwierigkeiten einstellen würden, die letztlich zu einer gewissen Unsicherheit im einwandfreien Erkennen der einzelnen Laichgemeinschaften führen. Das Problem mußte nur wegen der bei der Probenbearbeitung zutage getretenen augenfälligen Unterschiedlichkeit der Wüchsigkeit von Or T und Lt der isländischen Nord- und Südheringe angeschnitten werden.

In den Proben des isländischen Nordherings aus den Fängen im September 1962 nördlich Siglufjördurs waren die Altersklassen I+ bis XIII+ sowie XVI+ und XVII+ vertreten. Auf Grund der oben angeführten Gegebenheiten stellten die Altersklassen II+ und III+ zusammen 78% des Fanges. Die Altersklassen V+ und VI+ (Jahresklassen 1955 und 1956) waren nur durch fünf Exemplare (1,1%) vertreten. 7% der Proben stellten die Altersklassen VIII+ und X+, XI+-Tiere waren noch mit knapp 2% vertreten; die älteren Individuen traten nur in Einzelexemplaren auf und blieben pro Altersklasse unter 1%. Die überaus starke Anwesenheit der Jahresklasse 1958 (III+-Tiere) beruht, wie bereits erwähnt, auf dem spätsommerlichen Zuzug von Jungheringen in die nördlichen Weidegründe.

Die Ursache des weitgehenden Ausfalls der Jahresklassen 1954 bis 1956 (Altersklassen V+ bis VII+), welcher sich auch in der Längenstreuung deutlich abzeichnet (siehe Fig. 5), kann im einzelnen nicht begründet werden. Es ist jedoch anzunehmen, daß es sich bei diesen Jahresklassen um schwache Jahrgänge handelt.

Die Unterscheidungsmöglichkeit der Altersklassen nach ihren Schuppenlängen innerhalb der einzelnen Längengruppen ist, wie bei einem Material mit so alten Tieren nicht anders zu erwarten, gering. Ab der Altersklasse VII+ überschneiden sich fünf, in der Längengruppe 36 cm sogar sechs Altersklassen. Aber auch bei den jüngeren Altersklassen deren sich bis zu drei innerhalb einzelner Längengruppen überschneiden, sind die Unterschiede der Schuppenlängen für die Differenzierung der Altersklassen nicht ausgeprägt genug. Das Verhältnis der Schuppenlängen der einzelnen Altersklassen innerhalb gleicher Längengruppen ist in Tabelle 17 dargestellt. Da die Längenstreuung der Proben eine Breite von 19 bis 39 cm aufweist, wurde im Fall des isländischen Nordherings das Material anstatt — wie bei den anderen Clupeidenstämmen — in 0,5 cm der besseren Übersichtlichkeit wegen in ganze Zentimetergruppen angeordnet. Aus Tabelle 17 ist zu ersehen, daß die älteren Individuen auch des isländischen Nordherings größere Schuppen haben als gleich lange jüngere. Es besitzen jedoch auch einige Male zwei Altersklassen innerhalb einer Längengruppe die gleiche Schuppenlänge, und dies nicht nur in den Gruppen, wo die Proben bloß aus einigen wenigen Exemplaren bestehen. Z. B. haben die Tiere der II+- und der III+-Klasse in den Längengruppen 24 bis 27 cm die gleiche Schuppenlänge. Bei den älteren Altersklassen kommt es sogar vor, daß die Schuppenlänge einer älteren Altersklasse kleiner ist als die der jüngeren innerhalb derselben Längengruppe. In der Längengruppe 35 cm besitzen z. B. die VII+-Tiere eine Schuppenlänge von 5,5 mm, die XI+-Tiere eine solche von 6,6 mm; die Schuppen der VIII+-Tiere sind 6,2 mm, die der IX+- und X+-Tiere dagegen nur 6,0 und 6,1 mm. Innerhalb dieser Längengruppe sind also die Schuppen der VIII+-Tiere zu groß, und ebenso — nach Vergleich mit den beiden angrenzenden Längengruppen derselben Jahresklasse — die der XI+-Tiere. Ähnliches tritt auch in anderen Längengruppen auf. Es muß allerdings bei der vergleichenden Betrachtung dieser hohen Altersgruppen in Erwägung gezogen werden, daß das zur Verfügung gewesene Material ein sehr kleines war und die Durchschnittswerte sich verändern würden, wenn für die Berechnung eine größere Anzahl von Tieren je Längen- und Altersgruppe vorhanden gewesen wäre. Darüber hinaus ist jedoch anzunehmen, daß auch im Falle eines noch so großen Untersuchungsmateriales bei so alten Tieren Abweichungen in den Schuppenlängen auftreten würden; erstens verlangsamt sich mit zunehmendem Alter das Längenwachstum der Fische — und damit das Schuppenwachstum — progressiv, so daß die Unterschiede in Fisch- und Schuppenlängen aufeinanderfolgender Altersklassen wesentlich geringer sind als bei jungen Tieren. Der effektive Längenunterschied bei Tieren, die älter als sieben Jahre sind, reicht nach den vorliegenden Untersuchungen in keinem Fall für die Durchführung einer noch vertretbaren Altersanalyse aus. Zweitens ist allein durch die Tatsache der Überschneidung so vieler Altersklassen innerhalb einer Längengruppe von vornherein schon die stark unterschiedliche Wüchsigkeit der verschiedenen Jahresklassen gegeben. Ab dem siebenten Jahr beträgt der jährliche Längenzuwachs größenordnungsmäßig 0,5 cm und der Schuppenzuwachs ist dementsprechend gering. Wenn die Schuppen entsprechend dem Alter auch relativ stärker wachsen als die Fischlänge, so reichen die Schuppenlängenunterschiede zur Altersdifferenzierung nicht mehr aus. Im Verlaufe von sechzehn und siebzehn Jahren können natürlich mannigfache Faktoren auf die einzelnen Jahresklassen einwirken, welche unterschiedliches Wachstum verursachen. Allein die in jedem Jahr anderen Nahrungsverhältnisse würden ausreichen, diese Unterschiede zu erklären.

Die Wachstumsunterschiede in Fisch- und Schuppenlängen der einzelnen Jahresklassen sind aus Tabelle 18 ersichtlich. Wie bei allen anderen untersuchten Clupeiden sind die jüngsten in den Fang geratenden Altersklassen (Jahresklassen 1959 und 1960) beim Fang bereits größer als der Durchschnitt der jeweils nächstfolgenden Altersklasse bei vollen Jahren. Von diesen Tieren werden nur die stark vorwüchsigen gefangen (Selektionsmechanismus). Dasselbe trifft auch für die Schuppenlängen zu. Es besaßen die Tiere der Jahresklasse 1959 beim Fang mit II+-Jahren einen $O_r T$ von 4,4 mm, ein L_t von 25,4 cm;

die Durchschnittswerte von Or III und L_{III} aller untersuchten Altersklassen betrugen 3,9 mm und 22,7 cm und waren damit kleiner. Bei Durchsicht der einzelnen Jahresklassen findet man jedoch, daß von Jahrgängen mit besonders gutem Wachstum die Werte der Jahresklassen 1959 mit II+-Jahren übertroffen werden können. Solche Jahrgänge sind z. B. 1952 und 1944 gewesen. Die Jahresklasse 1952 besaß mit drei vollen Jahren einen Or T von 4,4 mm und ein Lt von 25,8 cm, der Or T der Jahresklasse 1944 betrug 4,5 mm und deren Lt 26,1 cm.

Selbst bei den jüngsten Altersklassen im Fang tritt das „Leesche Phänomen" also nicht auf, und auch bei allen anderen Altersklassen, wie aus Tabelle 18 ersichtlich, ist es nicht existent.

Ähnliche Erscheinungen, wie sie z. B. bei der Jahresklasse 1954 auffällig werden, bei welcher die VII+-Jahre alten Fische bereits länger waren und größere Schuppen hatten als der Durchschnitt aller Jahresklassen bei vollendetem achten Jahr, haben mit einem Kleinerwerden der älteren Fische in den Proben nichts zu tun, sondern beruhen auf unterschiedlichen Wachstumsleistungen der einzelnen Jahrgänge. In dem angeführten Fall ist der Jahrgang 1954 von seinem siebenten zu seinem achten Jahr eben schneller gewachsen als der Durchschnitt in diesem Zeitraum. Diese Abweichungen zeigen keinerlei Regel, sondern eine zufällige Variation, wie ebenfalls aus Tabelle 18 zu ersehen ist.

In den Tabellen 19 bis 29 ist das Verhältnis Fischlänge—Schuppenlänge bei vollen Jahren der einzelnen Jahresklassen, geordnet nach Fischlängen beim Fang, dargestellt. Aus diesen Tabellen ist zu ersehen, daß der Selektionsmechanismus nur bei den beiden jüngsten Altersklassen im Fang ausgeprägt in Erscheinung tritt. Trotz der Anordnung des Probenmaterials nach Fischlängen beim Fang ist ein Kleinerwerden der älteren Fische und deren Schuppen im Vergleich mit jüngeren gleicher Länge kaum festzustellen. Aus diesen Tabellen geht hervor, daß kein „Leesches Phänomen" existiert. Besonders bei den über sieben Jahre alten Fischen variieren Fisch- sowie Schuppenlängen bei vollen Jahren der verschiedenen Altersklassen bei gleicher Länge zum Fangzeitpunkt rein zufällig. Auch diese Variation erklärt sich aus der unterschiedlichen Wachstumsleistung der einzelnen Jahrgänge und in verschiedenen Jahren.

Das Verhältnis Fischlänge—Schuppenlänge ohne Rücksicht auf die einzelnen Altersklassen ist in der Eichkurve (Fig. 7) dargestellt. Es zeigt sich, daß die Relation im großen und ganzen annähernd linear verläuft. Ab einer Fischlänge von ca. 31 cm verlangsamt sich das Schuppenwachstum etwas gegenüber dem Längenwachstum des Fisches. Die Kurve weist an dieser Stelle eine entsprechend leichte Krümmung auf. Die Länge von 31 cm entspricht einem mittleren Fischalter von fünf Jahren. Bei diesem Alter ist eine Zäsur im Schuppenwachstum gegeben, welche sich erstmals auf weniger als die Hälfte des Zuwachses des vorangegangenen Jahres reduziert. Im Längenwachstum des Fisches tritt keine so scharfe Zäsur auf, woraus sich der beschriebene Kurvenverlauf erklärt. Es ist anzunehmen, daß die starke Verlangsamung des Schuppenwachstums eine Folge des erstmaligen Laichreifeeintrittes ist. Das Fischlängenwachstum zeigt die gleiche Zäsur erst ein Jahr später (sechstes bis siebentes Jahr, siehe Tabelle 18).

Beim südisländischen Hering liegen die Verhältnisse Fischlänge—Schuppenlänge etwas anders. Bis zu einer Fischlänge von ca. 29,5 cm sind die Schuppen etwas größer als die des nordisländischen Herings. Bei 30 cm Lt überschneiden sich die Schuppenlängen der beiden Stämme, um ab dieser Länge beim Südisländer hinter denen des Nordisländers zurückzubleiben. Es wachsen die Schuppen des südisländischen Herings also zuerst schneller, später langsamer als die des nordisländischen Herings (Tabelle 30.) (Zur besseren Vergleichsmöglichkeit mit dem nordisländischen Hering wurde auch hier die Zentimetergruppierung beibehalten.) Die Überschneidung tritt, wie bereits vorher beschrieben (Fig. 6), zwischen dem vierten und fünften Jahr ein. Zum selben Zeitpunkt überschneidet sich auch das mit dem Schuppenwachstum parallelgehende Längenwachstum der Fische (Tabelle 16).

In Tabelle 30 sind die Schuppenlängen zum Fangzeitpunkt gleich langer, jedoch verschieden alter Tiere des isländischen Südherings vergleichsweise dargestellt. Aus dieser Tabelle ist zu ersehen, daß die Verhältnisse bezüglich Schuppenlängenunterschiede von beim Fang gleich langen Tieren beim isländischen Südhering ganz ähnlich wie beim Nordhering liegen. Reichten die Unterschiede beim Nordhering für eine Altersbestimmung nicht aus, so trifft dies für die älteren Altersklassen des Südherings in verstärktem Maße zu. Hier ist ja der Schuppenzuwachs im Vergleich zum gleichen Fischlängenzuwachs des Nordherings noch geringer als bei diesem. Dadurch sind die Unterschiede der Schuppenlängen der einzelnen, sich bei gleicher Fischlänge beim Fang überschneidenden Altersklassen ab der Längengruppe 30 cm noch geringer als beim Nordhering. Diese Verhältnisse zeichnen sich selbst in dem in diesen Längengruppen sehr kleinen Untersuchungsmaterial deutlich — weil in beinahe allen Gruppen gleichmäßig auftretend — ab.

Die zwischen viertem und fünftem Jahr auffällig werdende Überschneidung von Schuppen- und Fischlängen bei isländischen Nord- und Südheringen beruht auf einer beim Nordhering zu verzeichnenden stark gesteigerten Wachstumsleistung von dessen dritten zum vierten Lebensjahr gegenüber der gleichen Wachstumsleistung beim Südhering. In dieser Periode (drittes bis viertes Lebensjahr) wächst der isländische Nordhering um 5,3 cm in die Länge, seine Schuppen werden um 1,0 mm länger, während der Zuwachs beim Südhering bei 3,1 cm und 0,6 mm liegt (Tab. 31). Bis zum dritten Jahr war der Zuwachs von Fisch- und Schuppenlängen des Südherings in jedem Jahr größer als der des Nordherings gewesen. Bei drei vollen Jahren war der Südhering um 1,7 cm länger und seine Schuppen um 0,4 mm größer als die des Nordherings. Durch das gesteigerte Wachstum in seinem vierten Jahr kompensiert der Nordhering die Unterschiede der Fisch- und Schuppenlänge, so daß er bei vier vollen Jahren etwa die gleiche Länge erreicht wie der Südhering. Die Wachstumsraten des Nordherings behalten danach in allen weiteren Jahren gegenüber dem Südhering ihren überlegenen Rhythmus bei, dieser nimmt sogar noch relativ und progressiv zu. In der Darstellung der Endgrößen von Fisch- und Schuppenlängen wird die eintretende Überschneidung zwischen dem vierten und fünften Jahr sichtbar (Tab. 16 und Fig. 6).

Das Verhältnis Fischlänge—Schuppenlänge bei vollen Jahren der einzelnen Altersklassen, geordnet nach Fischlängen beim Fang wird in den Tabellen 32 bis 35 zum Ausdruck gebracht. Auf die Darstellung der Werte ab Or V—L_V wurde verzichtet, weil das Probenmaterial für die vergleichende Betrachtung nicht genügend umfangreich war. Aus den gegebenen Tabellen wird sowohl der Selektionsmechanismus als auch die bei der angewandten Methode der Tabellierung vorgenommene Gruppierung der Tiere nach Wüchsigkeit deutlich erkennbar. Die jüngste in den Proben auftretende Altersklasse (II+-Tiere, Jahresklasse 1959) besitzt bedeutend größere Werte an Fisch- und Schuppenlängen bei vollem ersten und zweiten Jahr, da diese Tiere die besonders vorwüchsigen repräsentieren. Or III—L_{III} und Or IV—L_{IV} der aufeinanderfolgenden Altersklassen zeigen die normalen Erscheinungen, wie sie durch die Anordnung des Materials bewirkt werden. Daß diese Erscheinungen nicht durch das „Leesche Phänomen" bewirkt werden, zeigt Tabelle 36, welche die Mittelwerte von Fisch- und Schuppenlängen der einzelnen Jahresklassen bei vollen Jahren des isländischen Südherings sowie deren Durchschnitte wiedergibt. Es ist daraus zu erkennen, daß die Jahresklassen 1952 und 1954 einen schlechteren Wachstumsverlauf nahmen als alle späteren. Diese beiden Jahresklassen blieben in ihren Wachstumsleistungen hinter dem Durchschnitt zurück*). Die Unterschiede im jährlichen Zuwachs von Fisch- und Schuppenlängen wurden vorgehend bereits besprochen. Aus diesen wie auch aus der Anlage der Laichringe an den Schuppen geht hervor, daß die Laichreife beim isländischen Nordhering um ein bis zwei Jahre später eintritt als beim Südhering.

---

*) Die in der Tabelle aufscheinenden Zahlen werden durch Einzelauswertungen aus Proben gestützt, die keine Auswertung der geschlossenen Datenreihe zuließen und deshalb nicht in die Tabelle aufgenommen wurden.

Das Verhältnis Fischlänge—Schuppenlänge ohne Rücksicht auf die Unterschiede dieser Relation bei den einzelnen Altersklassen (Eichkurve) ist für den isländischen Südhering in Figur 7 dargestellt.

Als Anhang zum Kapitel Islandhering soll das nördlich Islands gefangene und in den Proben enthaltene Material von nordnorwegischen Heringen ganz kurz angeführt werden.

Vom nordnorwegischen Hering waren die Längengruppen 29,5 bis 37,0 cm vertreten, davon stellten die Längengruppen 35,0 und 35,5 cm den Hauptanteil (55%). Die Altersklassen setzten sich aus V+- und VIII+- bis XIV+-Tieren zusammen. 50% des Probenmaterials waren XII+-Tiere, die XI+-Klasse stellte 15% und die X+-Klasse 18%.

Bei gleichem Alter zum Fangzeitpunkt war die Schuppenlänge der nordnorwegischen Heringe in allen Altersklassen kleiner als die des nordisländischen Herings. Die Fischlängen der beiden Heringsgruppen zeigten bei gleichem Fangalter hingegen eine weitgehende Übereinstimmung. Die Schuppe des nordnorwegischen Herings wächst also demnach relativ zum Alter langsamer als beim nordisländischen Hering.

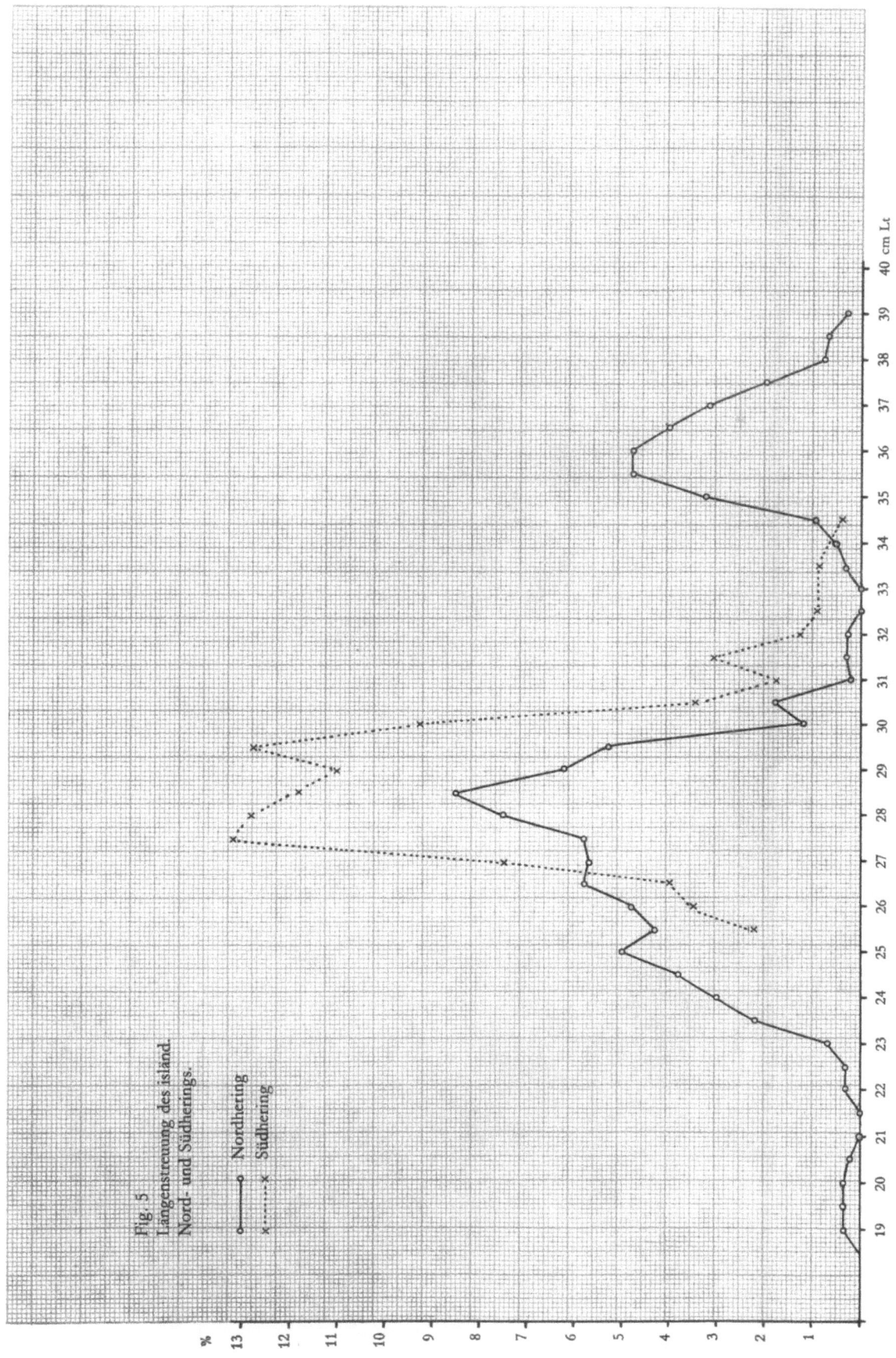

Fig. 5
Längenstreuung des isländ.
Nord- und Südherings.
o——o Nordhering
x······x Südhering

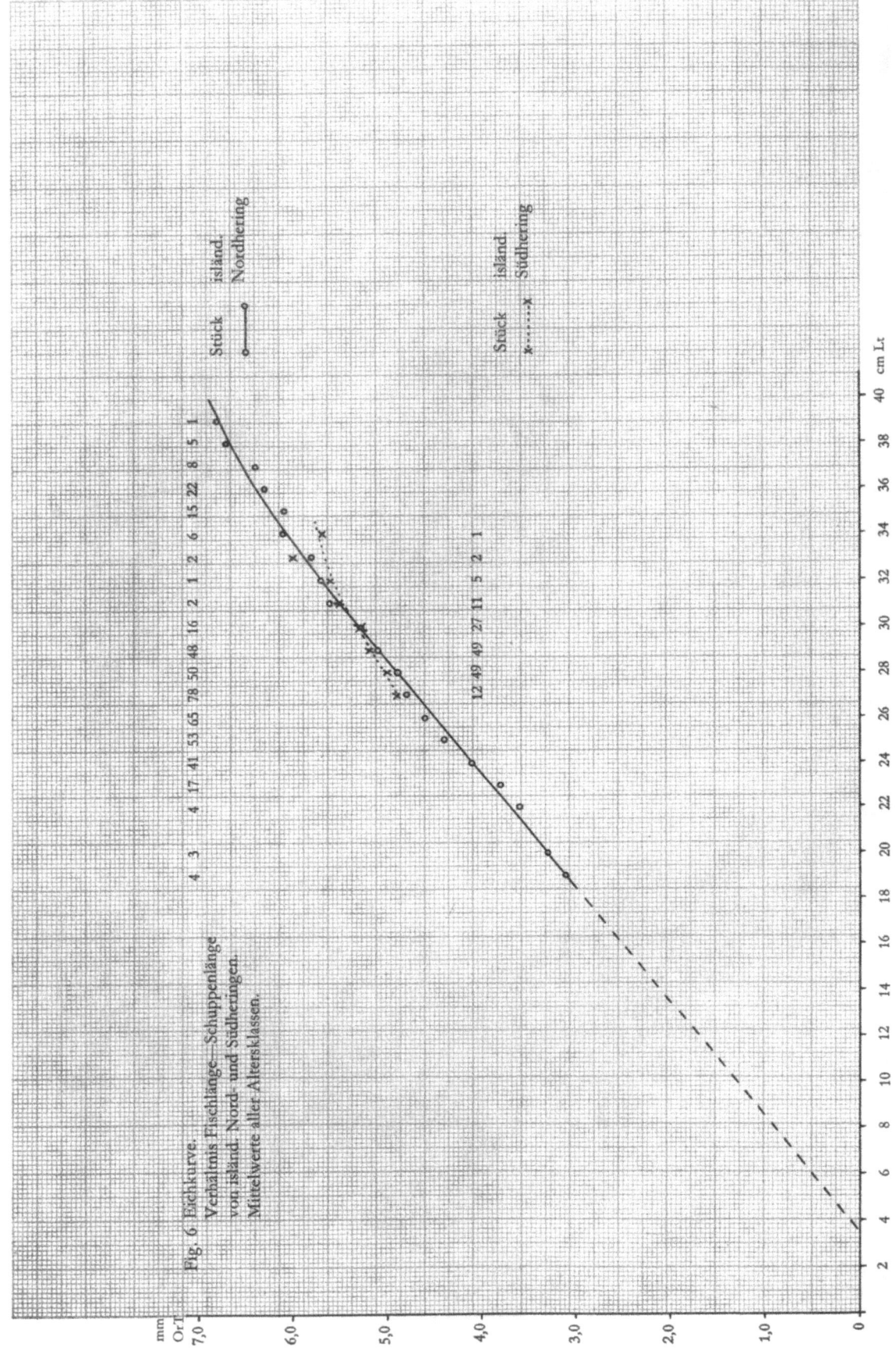

Fig. 6 Eichkurve.
Verhältnis Fischlänge—Schuppenlänge
von isländ. Nord- und Südheringen.
Mittelwerte aller Altersklassen.

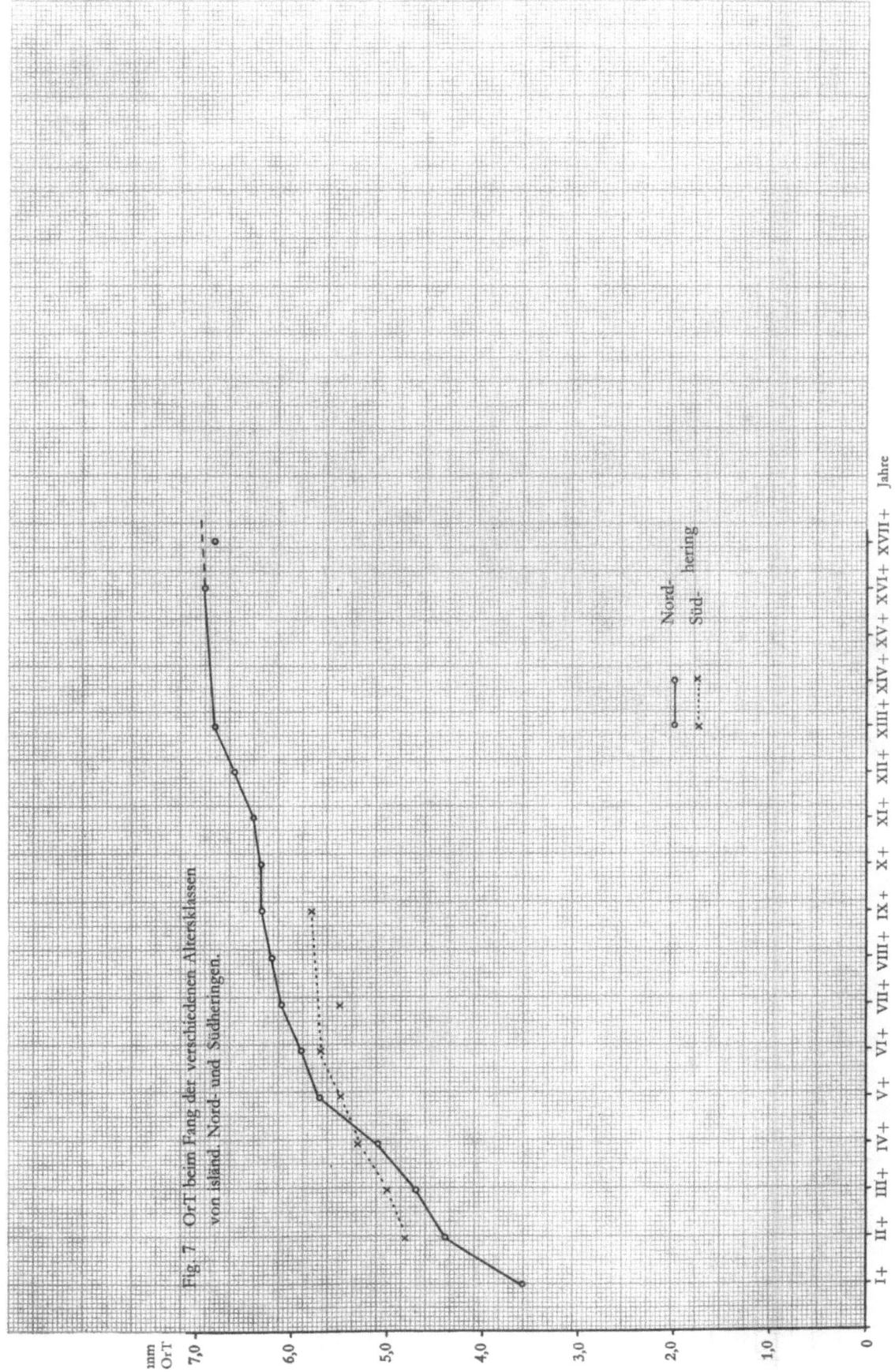

Fig. 7 Or-T beim Fang der verschiedenen Altersklassen von isländ. Nord- und Südheringen.

Tabelle 16

Clupea harengus, Islandhering. Gegenüberstellung von Durchschnitts-Fischlängen der Altersklassen von isländischen Nord- und Südheringen beim Fang.

I+	II+	III+	IV+	V+	VI+	VII+	VIII+	IX+	X+	XI+	XII+	XIII+	XIV+	XV+	XVI+	XVII+	
22,4	25,4	27,4	28,2	33,6	33,8	36,1	35,8	36,7	36,0	36,3	37,1	39,4	—	—	38,0	38,5	Nordhering
			27,8	29,7	30,8	33,2	32,2	—	33,7								Südhering

Tabelle 17

Clupea harengus, Isl. Nordhering. Verhältnis Lt–OrT der einzelnen Altersklassen. Schuppenlänge gleich langer Fische verschiedener Altersklassen.

cm/Lt

Alters-klassen	19	20	21	22	23	24	25	26	27	28	29	30	31	32	33	34	35	36	37	38	39
I+	3,1	3,3	—	3,5	3,7	3,8															
II+				3,6	3,9	4,2	4,4	4,6	4,8												
III+						4,2	4,4	4,6	4,8	4,9	5,1	5,3	3,7								
IV+								4,9	5,2	5,0	5,5	5,5	5,5								
V+														5,7	5,7	5,8					
VI+															5,9						
VII+																	5,5	6,3	6,1		
VIII+																5,9	6,2	6,3	6,2		
IX+																	6,0	6,4	6,4		
X+																5,9	6,1	6,4	6,7		
XI+																6,2	6,6	6,2	6,6	6,5	
XII+																		6,5	—	6,7	
XIII+																					6,8
XVI+																				6,9	
XVII+																				6,8	

Tabelle 18

Clupea harengus, Isländischer Nordhering. Durchschnitts-Or I bis Or XI und L_I bis L_{XI} sowie Lt und Or T beim Fang der Jahresklassen 1944 bis 1960. Zugleich jährliche Wachstumsraten von Fisch- und Schuppenlängen der einzelnen Jahresklassen und deren Durchschnitt.

Jahres-klassen	Or I – Or XI $L_I - L_{XI}$	Volle Jahre											Or T und Lt beim Fang	Alters-klassen im Fang	Stück
		I	II	III	IV	V	VI	VII	VIII	IX	X	XI			
1960	Schuppenlänge Fischlänge	2,4 15,3											3,6 22,4	I+	22
1959	Schuppenlänge Fischlänge	2,0 11,6	3,4 20,0										4,4 25,4	II+	60
1958	Schuppenlänge Fischlänge	1,5 8,9	2,8 16,4	3,9 22,5									4,7 27,4	III+	285
1957	Schuppenlänge Fischlänge	1,8 9,2	3,2 16,8	4,1 23,0	4,8 26,8								5,1 28,2	IV+	14
1956	Schuppenlänge Fischlänge	1,5 10,2	3,2 18,6	4,3 25,2	5,0 29,1	5,4 31,2							5,7 33,6	V+	4
1955	Schuppenlänge Fischlänge	1,3 7,4	3,1 17,8	4,1 23,5	5,0 28,6	5,5 31,5	5,7 32,7						5,9 33,8	VI+	1
1954	Schuppenlänge Fischlänge	1,7 10,3	2,9 17,2	4,0 23,9	4,9 29,2	5,4 32,2	5,7 34,1	5,9 35,0					6,1 36,1	VII+	5
1953	Schuppenlänge Fischlänge	1,8 10,3	3,0 17,4	4,0 23,4	4,9 28,6	5,4 31,2	5,7 32,8	5,9 33,9	6,1 34,9				6,2 35,8	VIII+	15
1952	Schuppenlänge Fischlänge	1,8 10,8	3,3 19,5	4,4 25,8	5,2 30,1	5,5 32,2	5,7 33,4	5,9 39,4	6,0 35,1	6,2 36,0			6,3 36,7	IX+	4
1951	Schuppenlänge Fischlänge	1,8 10,2	2,9 16,5	3,9 22,7	4,8 27,7	5,3 30,4	5,6 32,0	5,8 33,1	5,9 34,1	6,1 34,6	6,2 35,4		6,3 36,0	X+	16
1950	Schuppenlänge Fischlänge	1,6 8,9	2,7 14,9	3,7 20,9	4,7 26,5	5,2 28,7	5,5 30,5	5,7 31,9	5,9 33,0	6,1 33,8	6,2 34,4	6,3 35,1	6,4 36,3	XI+	8
1949	Schuppenlänge Fischlänge	1,8 10,3	2,6 14,4	3,7 20,9	4,9 27,3	5,4 30,3	5,8 32,3	6,0 33,4	6,2 34,7	6,3 35,1	6,4 35,7	6,5 36,2	6,6 37,1	XII+	3
1944	Schuppenlänge Fischlänge	1,6 9,3	3,3 19,2	4,5 26,1	5,2 30,2	5,5 31,9	5,8 33,7	5,9 34,3	6,0 34,9	6,1 35,4	6,2 36,0	6,3 36,6	6,8 38,5	XVII+	2
Durch-schnitt	Schuppenlänge Fischlänge	1,64 9,5	2,92 17,0	3,90 22,7	4,90 28,0	5,37 30,9	5,63 32,5	5,83 33,6	6,00 34,4	6,10 34,8	6,20 35,2	6,34 35,6		Total	439

Tabelle 19

Clupea harengus, Isländischer Nordhering. Verhältnis L_I—Or I der einzelnen Jahresklassen, geordnet nach Längen beim Fang.

Jahres-klassen	Alters-klassen im Fang	OrI / L_I	19	20	21	22	23	24	25	26	27	28	29	30	31	32	33	34	35	36	37	38
1960	I+	OrI / L_I	1,8 / 11,1	2,0 / 12,0	— / —	2,4 / 15,3	2,7 / 17,1	2,4 / 17,4														
1959	II+	OrI / L_I				2,0 / 12,8	2,1 / 12,7	1,9 / 11,4	1,7 / 9,6	1,9 / 10,9	2,2 / 12,7											
1958	III+	OrI / L_I						1,4 / 7,9	1,4 / 8,2	1,5 / 8,5	1,5 / 9,1	1,5 / 9,0	1,6 / 9,3	1,8 / 10,4	1,9 / 10,4							
1957	IV+	OrI / L_I								1,7 / 9,2	2,1 / 11,1	1,5 / 8,4	1,6 / 8,6	1,7 / 9,5	2,0 / 11,6							
1956	V+	OrI / L_I														2,0 / 11,2	2,0 / 11,9	1,5 / 8,9				
1955	VI+	OrI / L_I															1,3 / 7,4					
1954	VII+	OrI / L_I																	1,7 / 10,9	1,9 / 10,9	1,3 / 7,9	
1953	VIII+	OrI / L_I																1,6 / 9,6	1,9 / 10,7	1,8 / 10,5	1,7 / 10,3	
1952	IX+	OrI / L_I																	1,8 / 10,7	1,7 / 9,7	1,9 / 11,3	
1951	X+	OrI / L_I																1,6 / 8,0	1,7 / 10,2	1,8 / 10,7	1,8 / 9,9	
1950	XI+	OrI / L_I																1,7 / 9,3	1,6 / 8,5	1,6 / 9,6	1,5 / 8,5	
1949	XII+	OrI / L_I																		2,0 / 10,9	— / —	1,7 / 9,7
1944	XVII+	OrI / L_I																				1,6 / 9,3

cm/Lt

Tabelle 20

Clupea harengus, Isl. Nordhering. Verhältnis L_{II}—Or II der einzelnen Jahresklassen, geordnet nach Längen beim Fang.

Jahres-klassen	Alters-klassen im Fang	Or II / L_{II}	22	23	24	25	26	27	28	29	30	31	32	33	34	35	36	37	38
											cm/Lt								
1959	II+	Or II / L_{II}	2,6 / 16,2	2,8 / 17,0	3,1 / 18,0	3,4 / 19,4	3,6 / 20,8	3,9 / 22,4											
1958	III+	Or II / L_{II}			2,5 / 14,6	2,6 / 15,2	2,7 / 15,6	2,9 / 16,6	2,9 / 16,8	3,0 / 14,7	3,3 / 19,0	3,6 / 19,7							
1957	IV+	Or II / L_{II}					2,9 / 16,4	3,6 / 19,1	2,8 / 15,8	3,2 / 17,2	3,1 / 17,4	3,5 / 20,2							
1956	V+	Or II / L_{II}											3,5 / 19,6	3,4 / 20,2	2,9 / 17,2				
1955	VI+	Or II / L_{II}												3,1 / 17,8					
1954	VII+	Or II / L_{II}														3,1 / 19,9	3,1 / 17,8	2,1 / 12,8	
1953	VIII+	Or II / L_{II}													2,6 / 15,5	3,1 / 17,8	3,1 / 17,8	2,9 / 17,5	
1952	IX+	Or II / L_{II}														3,6 / 21,3	2,7 / 15,4	3,5 / 20,7	
1951	X+	Or II / L_{II}													2,6 / 13,0	2,6 / 16,6	3,1 / 17,6	3,4 / 19,1	
1950	XI+	Or II / L_{II}													2,7 / 14,8	2,5 / 13,4	2,9 / 17,5	2,7 / 15,3	
1949	XII+	Or II / L_{II}															2,7 / 14,7	— / —	2,5 / 14,2
1944	XVII+	Or II / L_{II}																	3,3 / 19,2

Tabelle 21

Clupea harengus, Isl. Nordhering. Verhältnis L_{III}—Or III der einzelnen Jahresklassen, geordnet nach Längen beim Fang.

Jahres-klassen	Alters-klassen im Fang	Or III / L_{III}	24	25	26	27	28	29	30	31	32	33	34	35	36	37	38
1958	III+	Or III / L_{III}	3,1 / 17,9	3,3 / 19,6	3,6 / 21,0	3,9 / 22,6	4,0 / 24,4	4,5 / 25,8	4,6 / 26,8	5,0 / 27,3							
1957	IV+	Or III / L_{III}			4,3 / 23,6	4,6 / 24,4	3,8 / 21,1	4,2 / 22,6	4,4 / 24,6	4,5 / 26,0							
1956	V+	Or III / L_{III}									4,4 / 24,7	4,5 / 26,7	4,1 / 24,7				
1955	VI+	Or III / L_{III}										4,1 / 23,5					
1954	VII+	Or III / L_{III}												3,6 / 23,1	4,2 / 24,3	3,9 / 23,7	
1953	VIII+	Or III / L_{III}											3,5 / 20,3	3,9 / 22,1	4,3 / 24,9	3,9 / 23,6	
1952	IX+	Or III / L_{III}												4,5 / 26,7	4,1 / 23,3	4,5 / 26,6	
1951	X+	Or III / L_{III}											3,7 / 18,5	3,5 / 20,7	4,2 / 24,4	4,8 / 26,6	
1950	XI+	Or III / L_{III}											3,8 / 20,9	3,6 / 19,3	4,1 / 24,7	3,6 / 20,4	
1949	XII+	Or III / L_{III}													3,6 / 19,6	— / —	3,9 / 22,2
1944	XVII+	Or III / L_{III}															4,5 / 26,1

Tabelle 22

Clupea harengus, Isl. Nordhering. Verhältnis L_{IV}—Or IV der einzelnen Jahresklassen, geordnet nach Längen beim Fang.

Jahres-klassen	Alters-klassen im Fang	Or IV / L_{IV}	cm/Lt												
			26	27	28	29	30	31	32	33	34	35	36	37	38
1957	IV+	Or IV / L_{IV}	5,1 / 25,9	5,0 / 26,5	4,5 / 25,1	4,8 / 25,8	5,0 / 28,0	5,2 / 30,1							
1956	V+	Or IV / L_{IV}							5,2 / 29,2	5,0 / 29,6	4,9 / 28,8				
1955	VI+	Or IV / L_{IV}								5,0 / 28,6					
1954	VII+	Or IV / L_{IV}									4,4 / 26,0	4,3 / 27,6	5,2 / 29,6	4,8 / 29,2	
1953	VIII+	Or IV / L_{IV}										4,8 / 27,6	5,1 / 29,7	4,9 / 29,6	
1952	IX+	Or IV / L_{IV}										5,2 / 30,8	5,0 / 28,4	5,2 / 30,7	
1951	X+	Or IV / L_{IV}									4,5 / 22,5	4,4 / 26,0	5,1 / 29,4	5,5 / 30,3	
1950	XI+	Or IV / L_{IV}									4,8 / 26,4	4,6 / 24,9	4,8 / 28,9	4,8 / 27,3	
1949	XII+	Or IV / L_{IV}											4,8 / 26,2	— / —	5,0 / 28,5
1944	XVII+	Or IV / L_{IV}													5,2 / 30,2

Tabelle 23

Clupea harengus, Isländischer Nordhering. Verhältnis L_V—Or V der einzelnen Jahresklassen, geordnet nach Längen beim Fang.

Jahres-klassen	Alters-klassen im Fang	Or V / L_V	cm/Lt						
			32	33	34	35	36	37	38
1956	V+	Or V / L_V	5,5 30,8	5,3 31,4	5,3 31,8				
1955	VI+	Or V / L_V		5,5 31,5					
1954	VII+	Or V / L_V				4,7 30,2	5,7 32,8	5,5 33,4	
1953	VIII+	Or V / L_V			5,0 29,2	5,3 30,2	5,5 32,0	5,4 32,9	
1952	IX+	Or V / L_V				5,4 32,0	5,5 31,3	5,6 32,7	
1951	X+	Or V / L_V			5,2 26,0	4,9 29,3	5,5 31,6	5,8 32,4	
1950	XI+	Or V / L_V			5,2 28,6	5,0 26,8	5,0 30,1	5,5 31,2	
1949	XII+	Or V / L_V					5,4 29,4	—	5,5 31,3
1944	XVII+	Or V / L_V							5,5 31,9

Tabelle 24

Clupea harengus, Isländischer Nordhering. Verhältnis L_{VI}—Or VI der einzelnen Jahresklassen, geordnet nach Längen beim Fang.

Jahres-klassen	Alters-klassen im Fang	Or VI / L_{VI}	cm/Lt					
			33	34	35	36	37	38
1955	VI+	Or VI / L_{VI}	5,7 32,7					
1954	VII+	Or VI / L_{VI}			5,2 33,4	5,9 33,9	5,8 35,3	
1953	VIII+	Or VI / L_{VI}	5,3 31,0	5,6 32,2	5,8 33,3	5,6 33,8		
1952	IX+	Or VI / L_{VI}			5,6 33,2	5,7 32,4	5,8 33,9	
1951	X+	Or VI / L_{VI}	5,7 28,5	5,3 31,4	5,7 32,8	6,0 33,2		
1950	XI+	Or VI / L_{VI}		5,4 29,7	5,5 29,4	5,2 31,4	5,7 32,4	
1949	XII+	Or VI / L_{VI}				5,7 31,1	—	5,9 33,6
1944	XVII+	Or VI / L_{VI}						5,8 33,7

Tabelle 25

Clupea harengus, Isländischer Nordhering. Verhältnis L_{VII}—Or VII der einzelnen Jahresklassen, geordnet nach Längen beim Fang.

Jahres-klassen	Alters-klassen im Fang	Or VII L_{VII}	cm/Lt				
			34	35	36	37	38
1954	VII+	Or VII L_{VII}		5,4 34,7	6,1 34,9	5,9 35,9	
1953	VIII+	Or VII L_{VII}	5,5 32,2	5,9 33,3	5,9 34,3	5,8 35,3	
1952	IX+	Or VII L_{VII}		5,7 33,8	5,9 33,6	6,0 35,1	
1951	X+	Or VII L_{VII}	6,1 30,5	5,5 32,6	5,9 33,6	6,1 34,0	
1950	XI+	Or VII L_{VII}	5,6 30,8	5,8 31,3	5,4 32,6	5,9 33,5	
1949	XII+	Or VII L_{VII}			6,0 32,7	—	6,0 34,2
1944	XVII+	Or VII L_{VII}					5,9 34,3

Tabelle 26

Clupea harengus, Isländischer Nordhering. Verhältnis L_{VIII}—Or VIII der einzelnen Jahresklassen, geordnet nach Längen beim Fang.

Jahres-klassen	Alters-klassen im Fang	Or VIII L_{VIII}	cm/Lt				
			34	35	36	37	38
1953	VIII+	Or VIII L_{VIII}	5,7 33,3	6,2 34,3	6,1 35,2	6,0 26,4	
1952	IX+	Or VIII L_{VIII}		5,8 34,4	6,1 34,7	6,1 35,7	
1951	X+	Or VIII L_{VIII}	6,4 32,0	5,7 33,5	6,0 34,9	6,3 34,9	
1950	XI+	Or VIII L_{VIII}	5,8 31,9	6,1 32,6	5,5 33,2	6,1 34,6	
1949	XII+	Or VIII L_{VIII}			6,2 33,8	—	6,2 35,6
1944	XVII+	Or VIII L_{VIII}					6,0 34,9

Tabelle 27

Clupea harengus, Isländischer Nordhering. Verhältnis L_{IX}—Or IX der einzelnen Jahresklassen, geordnet nach Längen beim Fang.

Jahres-klassen	Alters-klassen im Fang	Or IX L_{IX}	cm/Lt				
			34	35	36	37	38
1952	IX+	Or IX L_{IX}		5,9 35,0	6,2 35,3	6,3 36,8	
1951	X+	Or IX L_{IX}	6,6 33,0	5,8 34,1	6,1 35,2	6,4 35,5	
1950	XI+	Or IX L_{IX}	5,9 32,4	6,2 33,4	5,7 34,4	6,2 35,2	
1949	XII+	Or IX L_{IX}			6,3 34,3	—	6,3 35,9
1944	XVII+	Or IX L_{IX}					6,1 35,4

Tabelle 28

Clupea harengus, Isländischer Nordhering. Verhältnis L_X—Or X der einzelnen Jahresklassen, geordnet nach Längen beim Fang.

Jahres-klassen	Alters-klassen im Fang	Or X L_X	cm/Lt				
			34	35	36	37	38
1951	X+	Or X L_X	6,7 33,5	5,9 34,8	6,2 35,9	6,6 36,6	
1950	XI+	Or X L_X	6,0 33,0	6,3 33,9	5,8 35,0	6,4 36,3	
1949	XII+	Or X L_X			6,4 34,9	—	6,4 36,5
1944	XVII+	Or X L_X					6,2 36,0

Tabelle 29

Clupea harengus, Isländischer Nordhering. Verhältnis L_{XI}—Or XI der einzelnen Jahresklassen, geordnet nach Längen beim Fang.

Jahres-klassen	Alters-klassen im Fang	Or XI L_{XI}	cm/Lt				
			34	35	36	37	38
1950	XI+	Or XI L_{XI}	6,1 33,5	6,4 34,5	5,9 35,6	6,5 36,9	
1949	XII+	Or XI L_{XI}			6,5 35,4	—	6,5 37,0
1944	XVII+	Or XI L_{XI}					6,3 36,6

Tabelle 30

Clupea harengus, Isländischer Südhering. Verhältnis Lt—Or T der einzelnen Altersklassen.
Schuppenlängen gleich langer Fische verschiedener Altersklassen.

Alters- klassen	cm/Lt							
	27	28	29	30	31	32	33	34
II+	4,9	4,7						
III+	4,9	4,9	5,1	5,1				
IV+	4,9	5,1	5,3	5,4	5,5	5,7		
V+			5,4	5,5	5,6			
VI+						5,5	6,2	5,7
VII+					5,4	5,5		
IX+							5,8	

Tabelle 31

Clupea harengus, Islandhering. Zuwachsraten von Fisch- und Schuppenlängen von isländischen Nord- und Südheringen.

	Jahre										
	0 bis I	I bis II	II bis III	III bis IV	IV bis V	V bis VI	VI bis VII	VII bis VIII	VIII bis IX	IX bis X	X bis XI
Nordhering Schuppenlängen Fischlängen	1,6 9,5	1,2 7,3	1,0 5,7	1,0 5,3	0,5 2,9	0,2 2,6	0,2 1,1	0,2 0,8	0,1 0,4	0,1 0,4	0,1 0,4
Südhering Schuppenlängen Fischlängen	1,7 9,7	1,5 8,6	1,1 6,1	0,6 3,1	0,3 2,1	0,2 1,4	— 0,2				

Tabelle 32

Clupea harengus, Isländischer Südhering. Verhältnis L_I—Or I der einzelnen Jahresklassen, geordnet nach Längen beim Fang.

Jahres- klassen	Alters- klassen im Fang	Or I L_I	cm/Lt							
			27	28	29	30	31	32	33	34
1959	II+	Or I L_I	2,1 11,9	2,2 12,8						
1958	III+	Or I L_I	1,7 9,8	1,6 9,4	1,8 10,0	2,0 12,0				
1957	IV+	Or I L_I	1,6 9,3	1,6 8,8	1,6 9,0	1,6 9,0	1,6 9,1	2,0 11,3		
1956	V+	Or I L_I			1,8 9,9	1,7 9,2	1,8 9,7			
1955	VI+	Or I L_I						1,5 8,8	2,0 10,8	1,7 10,3
1954	VII+	Or I L_I					1,3 7,6	1,7 10,2		
1952	IX+	Or I L_I							1,6 9,3	

Tabelle 33

Clupea harengus, Isländischer Südhering. Verhältnis L_{II}—Or II der einzelnen Jahresklassen, geordnet nach Längen beim Fang.

Jahres-klassen	Alters-klassen im Fang	Or II L_{II}	cm/Lt							
			27	28	29	30	31	32	33	34
1959	II+	Or II L_{II}	3,9 21,7	3,8 22,3						
1958	III+	Or II L_{II}	3,3 18,6	3,2 18,2	3,4 19,4	3,6 21,3				
1957	IV+	Or II L_{II}	3,0 17,0	3,1 17,3	3,1 17,3	3,1 17,2	3,1 17,3	3,9 18,7		
1956	V+	Or II L_{II}			2,8 15,3	2,9 16,1	3,2 18,4			
1955	VI+	Or II L_{II}						2,8 16,7	3,7 20,2	2,9 17,6
1954	VII+	Or II L_{II}					2,0 11,7	2,8 16,3		
1952	IX+	Or II L_{II}							2,3 13,4	

Tabelle 34

Clupea harengus, Isländischer Südhering. Verhältnis L_{III}—Or III der einzelnen Jahresklassen, geordnet nach Längen beim Fang.

Jahres-klassen	Alters-klassen im Fang	Or III L_{III}	cm/Lt							
			27	28	29	30	31	32	33	34
1958	III+	Or III L_{III}	4,4 24,8	4,3 24,4	4,5 25,8	4,5 26,6				
1957	IV+	Or III L_{III}	4,1 22,8	4,1 22,9	4,2 23,4	4,3 24,0	4,3 24,6	4,9 27,6		
1956	V+	Or III L_{III}			4,0 21,9	4,1 22,6	4,2 24,1			
1955	VI+	Or III L_{III}						4,1 24,1	4,9 26,5	4,4 26,7
1954	VII+	Or III L_{III}					2,7 15,8	3,8 22,1		
1952	IX+	Or III L_{III}							2,8 16,3	

Tabelle 35

Clupea harengus, Isländischer Südhering. Verhältnis L_{IV}—Or IV der einzelnen Jahresklassen, geordnet nach Längen beim Fang.

Jahres-klassen	Alters-klassen im Fang	Or IV L_{IV}	cm/Lt							
			27	28	29	30	31	32	33	34
1957	IV+	Or IV L_{IV}	4,7 26,5	4,8 26,4	4,9 27,4	5,0 28,0	5,0 26,9	5,4 30,4		
1956	V+	Or IV L_{IV}			4,8 26,3	4,9 27,1	4,9 27,9			
1955	VI+	Or IV L_{IV}						4,9 28,9	5,5 29,7	5,0 30,3
1954	VII+	Or IV L_{IV}						4,0 23,4	4,6 27,2	
1952	IX+	Or IV L_{IV}							4,1 23,8	

Im Anschluß an Tabelle 35 seien der Vollständigkeit halber die Werte für L_V bis L_{VII} und Or V bis Or VII gebracht.

Tabelle 35a

Clupea harengus, Isländischer Südhering.

Jahres-klassen	Alters-klassen im Fang	Or V L_V	cm/Lt					
			29	30	31	32	33	34
1956	V+	Or V L_V	5,2 28,5	5,3 29,1	5,3 30,0			
1955	VI+	Or V L_V				5,1 30,4	5,8 31,3	5,4 32,8
1954	VII+	Or V L_V				4,6 26,9	5,0 29,5	
1952	IX+	Or V L_V					4,8 27,9	
1955	VI+	Or VI L_{VI}				5,3 31,5	6,1 32,9	5,6 34,0
1954	VII+	Or VI L_{VI}				4,9 28,7	5,2 30,4	
1952	IX+	Or VI L_{VI}					5,1 29,6	
1954	VII+	Or VII L_{VII}				5,2 30,4	5,4 31,6	
1952	IX+	Or VII L_{VII}					5,4 31,4	

Tabelle 36

Clupea harengus, Isländischer Südhering. Durchschnitts-Or I bis Or VII und L_I bis L_{VII} der Jahresklassen 1952 bis 1959. Zugleich jährliche Wachstumsraten von Fisch- und Schuppenlängen der einzelnen Jahresklassen und deren Durchschnitt.

Jahres-klassen	Or I—Or VII L_I—L_{VII}	Volle Jahre							Alters-klassen im Fang	Stück
		I	II	III	IV	V	VI	VII		
1959	Schuppenlänge Fischlänge	2,1 12,3	3,8 21,9						II+	7
1958	Schuppenlänge Fischlänge	1,7 9,9	3,3 18,9	4,4 25,2					III+	81
1957	Schuppenlänge Fischlänge	1,6 9,0	3,1 17,3	4,2 23,7	5,1 29,6				IV+	47
1956	Schuppenlänge Fischlänge	1,8 9,5	3,1 17,3	4,2 23,1	4,9 27,5	5,3 29,8			V+	13
1955	Schuppenlänge Fischlänge	1,7 9,7	3,1 17,8	4,4 25,3	5,1 29,4	5,4 31,2	5,6 32,2		VI+	4
1954	Schuppenlänge Fischlänge	1,6 9,3	2,5 14,8	3,4 20,0	4,4 25,9	4,9 28,7	5,1 29,8	5,3 31,2	VII+	3
1952	Schuppenlänge Fischlänge	1,6 9,3	2,3 13,4	2,8 16,3	4,1 23,8	4,8 27,9	5,1 29,6	5,4 31,4	IX+	1
Durch-schnitt	Schuppenlänge Fischlänge	1,7 9,7	3,2 18,3	4,3 24,4	4,9 27,5	5,2 29,6	5,4 31,0	5,4 31,2	Total	156

Clupea harengus, Kanalhering

Die untersuchten Proben setzten sich aus den Längenklassen 22 bis 29 cm zusammen. Davon stellten die Längenklassen 24,5 bis 27,9 cm 83%. Rund 8% der Individuen entfielen auf die Längenklassen 22 bis 24,4 cm, 9% auf die Gruppen 28 bis 29 cm (Fig. 8). Von den sieben vertretenen Altersklassen (I+ bis VII+) stellten die Klassen II+, III+, IV+ und V+ 94,7%, wovon 41,6% auf die Altersklasse III+ entfielen. In einzelnen Längenklassen überschnitten sich bis zu fünf Altersklassen.

Von der Altersklasse II+ treten im Probenmaterial deshalb kleinere Individuen auf als von der Altersklasse I+ (Tab. 37), weil Gewicht und Umfang der älteren von gleich langen Fischen größer ist als von jüngeren (NAWRATIL, O., 1953). Die fünf Individuen der Altersklasse I+ erreichten erst bei größerer Länge den Umfang, der sie für die angewandte Netzmaschenweite fangbar machte. Da alle fünf Fische der Altersklasse I+ in den Längengruppen 22,5 bis 23,4 cm auftreten und kein einziger in einer kleineren Längengruppe, ist die Wahrscheinlichkeit, daß diese fünf Individuen nur durch Zufall in den Netzen hängenblieben, gering. Die Fängigkeit der Netze setzte bei einer Fischlänge von 22,9 cm voll ein. Die kürzeren in den Proben auftretenden Fische besaßen entweder einen überdurchschnittlich großen Umfang oder sie waren zufällig mitgefangen worden.

Die einzelnen Altersklassen des Kanalherings unterschieden sich, wie in Tabelle 37 dargestellt, nach ihren Schuppenlängen nicht so deutlich voneinander als beim südwestafrikanischen Pilchard und dem Ostseehering. Die Bereiche der Schuppenlängen überschneiden sich ziemlich stark, und in einigen Längengruppen kommen gleiche Schuppenlängen verschiedener Altersklassen vor. Die Schuppenlänge ist relativ stärker von der Fischlänge abhängig als bei den bisher beschriebenen Clupeiden-Gruppen. Innerhalb der Längenklasse 24,5 bis 24,9 cm besitzen z. B. die Altersklassen II+ und III+ eine Schuppenlänge von 4,3 mm. Die Schuppenlänge der III+-Klasse wird in der vorangehenden Längengruppe 24,0 bis 24,4 cm allerdings bereits durch den höheren Wert von 4,4 mm vergegenwärtigt, trotzdem kann der aus rund 100 Schuppen von zehn Tieren gebildete Mittelwert von 4,3 mm in der Längenklasse 24,5 bis 24,9 cm nicht als ein zu niederer Wert angesehen werden, da er in der nächsten Längenklasse als Mittelwert aus ca. 200 Schuppen von 21 Tieren nochmals auftritt. Eher noch müßte der aus den Schuppen von sieben Tieren errechnete Durchschnittswert von 4,4 mm in der Längenklasse 24,0 bis 24,4 cm zu groß sein.

Ähnliches wiederholt sich in noch einigen Längenklassen zwischen verschiedenen Altersklassen. In der Klasse 25,5 bis 25,9 cm besitzen die Altersklassen III+ und IV+ die gleiche Schuppenlänge von 4,5 mm, und in der nächstgrößeren Längenklasse besitzen die II+- und die IV+-Klasse mit 4,6 mm die gleiche Schuppenlänge, während die III+-Klasse sogar eine geringere Schuppenlänge als die II+-Klasse, nämlich 4,5 mm aufweist, obwohl sie den Mittelwert aus rund 200 Schuppen von 17 Tieren und damit einen relativ guten Durchschnitt darstellt. Einige weitere Fälle von Überschneidungen der Schuppenlängen verschiedener Altersklassen innerhalb gleicher Längenklassen können in Tabelle 37 festgestellt werden.

Da beim Kanalhering diese Überschneidungen von Schuppenlängen nicht nur in den gering frequentierten Längengruppen der einzelnen Altersklassen auftreten, muß angenommen werden, daß ihre Ursache nicht oder zumindest nicht allein in zu kleinem Untersuchungsmaterial zu suchen ist. Es wäre möglich, daß durch unterschiedliches Wachstum der einzelnen Jahresklassen, auch durch Wachstumsunterbrechungen oder Perioden stark beschleunigten Wachstums innerhalb eines Jahres, Unregelmäßigkeiten im Schuppenwachstum hervorgerufen werden. Eine genaue Untersuchung dieser Verhältnisse würde allerdings die Zielsetzung der vorliegenden Arbeit weit überschreiten. Es soll nur bemerkt werden, daß z. B. innerhalb der Jahresklasse 1959 ab etwa 25 cm Lt eine Gruppe von Fischen auftrat, die im ersten und im zweiten Jahr unverhältnismäßig schnell wuchsen. Diese waren bei Vollendung ihres ersten und zweiten Lebensjahres größer als die Fische des Jahrganges 1958 bei Vollendung ihres ersten und zweiten Jahres. Ob es sich bei diesen Tieren eventuell um eine andere in den Fang geratene Laichgemeinschaft handelt oder ob andere Faktoren für das raschere Wachstum in den ersten beiden Jahren dieser Fischgruppe der Jahresklasse 1960 verantwortlich sind, kann hier nicht beurteilt werden.

Unregelmäßigkeiten des Schuppenwachstums innerhalb der einzelnen Altersklassen lassen auch die für die einzelnen Jahresklassen rückberechneten Werte von Or I bis Or VII und L_I bis L_{VII} erkennen. Bei entsprechender Anordnung des Materials nach Fischlängen beim Fang tritt das Leesche Phänomen zwar auf, doch ist es nicht so deutlich ausgeprägt, wie es eigentlich sein müßte und bei den bisher beschriebenen Arten der Fall war (Tab. 38 bis 43).

Nur die Schuppen der Jahresklasse 1959 sind in allen Längenklassen größer als die der nächstälteren Altersklasse (Jahresklasse 1958) bei entsprechenden Längen. Hier ist jedoch wieder nicht das „Leesche Phänomen" die alleinige Ursache, sondern die Tatsache, daß es sich bei der Jahresklasse 1959 um die jüngste im Fang auftretende Altersklasse handelt (Selektionsmechanismus). Bei allen anderen Jahresklassen treten innerhalb einiger gleicher Längenklassen gleich große oder sogar größere Schuppenlängen bei älteren Tieren auf.

Die Rückberechnung von Fisch- und Schuppenlängen bei vollen Jahren der gesamten Altersklassen entspricht gut dem im Vergleich mit anderen Clupeiden zu erwartenden Bild (Tab. 44). Die Schuppen- und Fischlängen der Jahresklasse 1959 und 1960 zeigen bei ein und zwei Jahren stark überhöhte Werte. Ebenso besaßen die I+- und die II+-Fische beim Fang (Jahresklassen 1959 und 1960) bereits größere Schuppen- und Fischlängen als sich für den Durchschnitt aller Jahresklassen bei vollem zweiten, respektive dritten Jahr ergab. Dies ist selbstverständlich der Wirkung des Selektionsmechanismus zuzuschreiben. Das „Leesche Phänomen" ist nirgends festzustellen. Die größeren Individuen der Jahresklasse 1954 waren im Probenmaterial nicht vertreten. Die Durchschnittslänge der Fische beim Fang war gleich groß mit der um ein Jahr jüngeren Altersklasse (Jahresklasse 1955, s. Tab. 37). Dies kann als Ursache dafür angesehen werden, daß die Schuppenlänge der Jahresklasse 1955 beim Fang als VI+-Fische bereits größer war als die der Jahresklasse 1954 bei sieben vollen Jahren. Darüber hinaus zeigt die Jahresklasse 1955 überhaupt ein besseres durchschnittliches Wachstum als die Jahresklasse 1954.

Auffällig erscheinen die geringen Differenzen in Fisch- und Schuppenlängen zwischen den Durchschnittswerten bei vollen Jahren und den aus den Fischen im Fang ermittelten Werten, die ein entsprechendes, volles Jahr noch nicht vollendet hatten. Z. B. betrugen die Durchschnittswerte für L_{IV} und Or IV 26,38 cm und 4,58 mm, die entsprechenden Werte für Lt und Or T der III+-Klasse beim Fang waren 25,75 cm und 4,49 mm, L_V und Or V betrugen 27,89 cm und 4,85 mm, Lt und Or T der IV+-Klasse beim Fang war 27,88 cm und 4,82 mm. Diese minimalen Unterschiede erklären sich daraus, daß die Fische beim Fang ihr nächstes Jahr beinahe vollendet hatten. Die Tiere der III+-Klasse waren beinahe schon vier Jahre alt, die der IV+-Klasse hatten ihr fünftes beinahe erreicht usw.

Das Verhältnis Fischlänge—Schuppenlänge ohne Rücksicht auf die unterschiedliche Kurvenfunktion bei den einzelnen Altersklassen ist in der Eichkurve (Fig. 8) dargestellt. Die Kurve verläuft ab etwa 21 cm annähernd linear, während sie zwischen 0 und 21 cm allometrisch ist. Mit 21 cm sind die Tiere zwei bis drei Jahre alt und werden geschlechtsreif. Eine Änderung des Kurvenverlaufes von der allometrischen zur linearen Funktion bei Eintreten der Geschlechtsreife konnte J. DAGET (1962) für eine Tilapia-Art feststellen. Er schreibt, daß bei Anwendung der Scalimetrie für die Jugendformen Kurven, für die Adulten Gerade verwendet werden müssen. Ähnlich liegen die Verhältnisse, wie aus Fig. 8 zu ersehen, beim Kanalhering.

Clupea harengus, Nordsee-Bank-Hering (Buchan-Gruppe)

In den untersuchten Proben waren die Längenklassen 22 bis 30 cm vertreten. Von diesen bildeten die Gruppen 25,5 bis 26,9 cm beinahe 40%, die Gruppen 27,0 bis 28,4 cm stellten 14,7%, die Gruppen 28,5 bis 29,9 cm waren mit 24,3% wieder stärker vertreten. Nur 3,4% der Tiere waren über 30 cm hinausgewachsen, den Rest stellten Individuen unter 25 cm. Das stärkere Auftreten der Gruppe 28,5 bis 29,9 cm steht in Zusammenhang mit der relativ geringen Menge von Fischen der Jahresklasse 1957 im Probenmaterial. Die Längenstreuung des Bank-Herings ist in Fig. 9 dargestellt.

Das gesamte Material setzte sich aus den Altersklassen II+ bis VIII+ zusammen, das sind die Jahresklassen 1954 bis 1960. Den Hauptanteil lieferten die III+-Tiere (Jahresklasse 1959) mit 36,8%. Am zweitstärksten war die Altersklasse IV+ mit 19,7% vertreten. Die Jahresklasse 1957 (V+-Tiere) stellte mit 10,5% einen etwas kleineren Anteil als die Jahresklasse 1956 (VI+-Tiere), welche mit 12,5% vertreten war. Das schwächere Auftreten der Jahresklasse 1957 spiegelt sich in der Längenvariation des Probenmaterials (Fig. 9), welche bei 28 cm (Durchschnittslänge der Jahresklasse 1957 beim Fang) einen Tiefpunkt aufweist, um bei 29 cm (Durchschnittslänge der Jahresklasse 1956) wieder einem Gipfelpunkt zuzustreben. Die Längenstreukurve stützt demnach die Altersanalyse nach den Jahresringen an den Schuppen, wenn man sie im Sinne der Petersen-Methode heranzieht, ganz ähnlich, wie dies auch für den nordisländischen Hering überzeugend zutraf.

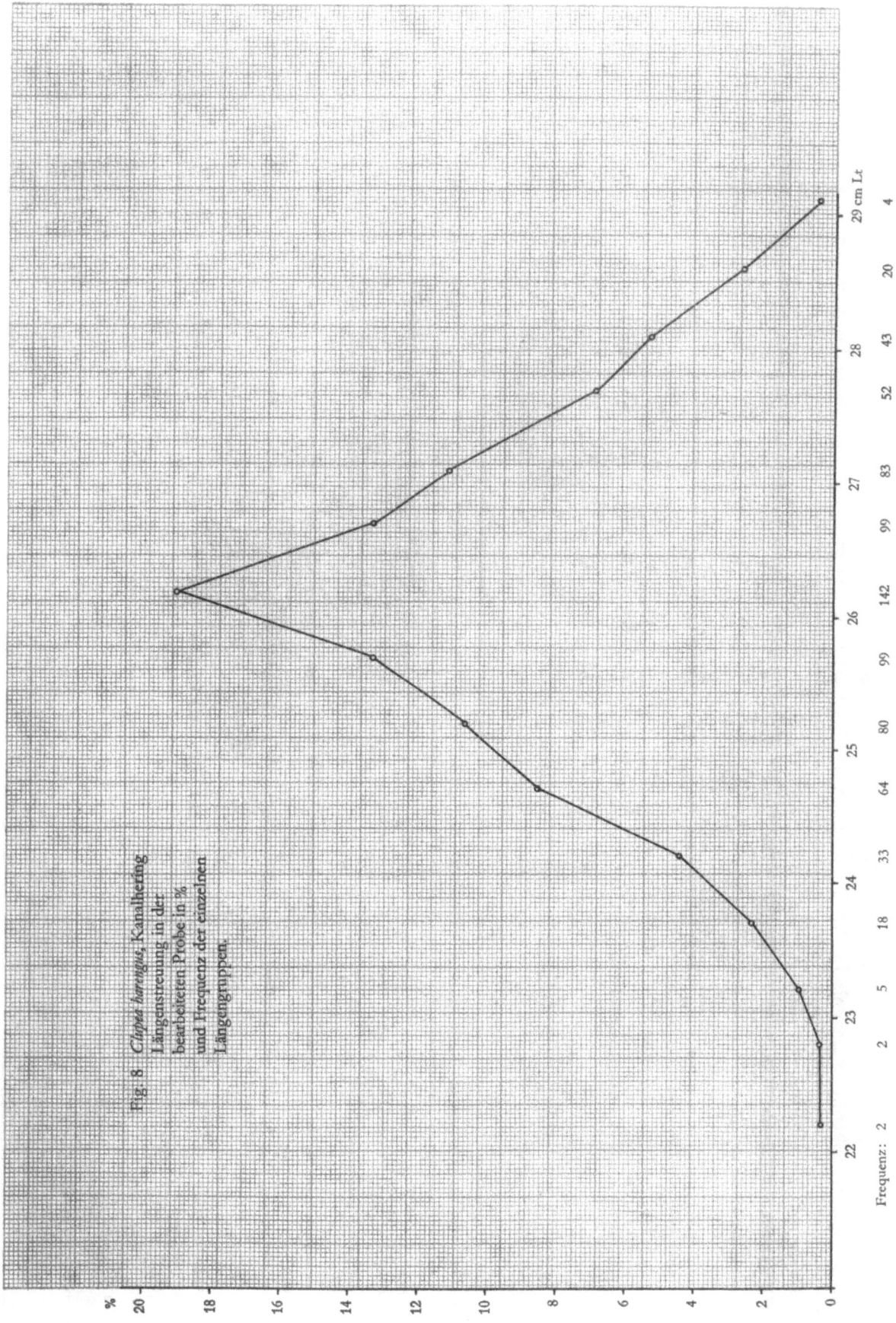

Fig. 8 *Clupea harengus*, Kanalhering Längenstreuung in der bearbeiteten Probe in % und Frequenz der einzelnen Längengruppen.

Tabelle 37

Clupea harengus, Kanalhering. Verhältnis L_t–Or T der einzelnen Altersklassen. Schuppenlängen gleich langer Fische verschiedener Altersklassen.

Altersklassen	cm/Lt																			
	21,5 bis 21,9	22,0 bis 22,4	22,5 bis 22,9	23,0 bis 23,4	23,5 bis 23,9	24,0 bis 24,4	24,5 bis 24,9	25,0 bis 25,4	25,5 bis 25,9	26,0 bis 26,4	26,5 bis 26,9	27,0 bis 27,4	27,5 bis 27,9	28,0 bis 28,4	28,5 bis 28,9	29,0 bis 29,4	29,5 bis 29,9	30,0 bis 30,4	30,5 bis 30,9	31,0 bis 31,4
I+			3,9	4,0																
II+		3,9	4,0	4,0	4,1	4,2	4,3	4,6	4,6	4,6	4,7									
III+			4,1		4,3	4,4	4,3	4,5	4,5	4,5	4,7	4,7	4,7	4,8						
IV+							4,5	—	4,5	4,6	4,6	4,8	4,8	4,8	5,0	5,0	5,0	—	5,2	
V+											4,8	4,9	5,0	5,0	5,1	5,0	5,1	5,1		
VI+															4,8	5,2	5,3	5,4	5,3	5,3
VII+																5,4	5,3	5,5	5,4	

Tabelle 38

Clupea harengus, Kanalhering. Verhältnis L_I–Or I der einzelnen Jahresklassen, geordnet nach Längen beim Fang.

Jahresklassen	Altersklassen im Fang		cm/Lt																			
			21,5 bis 21,9	22,0 bis 22,4	22,5 bis 22,9	23,0 bis 23,4	23,5 bis 23,9	24,0 bis 24,4	24,5 bis 24,9	25,0 bis 25,4	25,5 bis 25,9	26,0 bis 26,4	26,5 bis 26,9	27,0 bis 27,4	27,5 bis 27,9	28,0 bis 28,4	28,5 bis 28,9	29,0 bis 29,4	29,5 bis 29,9	30,0 bis 30,4	30,5 bis 30,9	31,0 bis 31,4
1960	I+	Or I / L_I			2,9 / 16,7	2,9 / 16,7																
1959	II+	Or I / L_I	2,1 / 11,6	2,1 / 11,9	2,4 / 13,4	2,6 / 15,1	2,3 / 13,5	2,5 / 14,2	2,5 / 14,6	2,7 / 14,3	2,7 / 15,0	2,9 / 16,4	3,1 / 17,1	2,7 / 15,4								
1958	III+	Or I / L_I	1,9 / 10,1	2,5 / 14,2	2,2 / 12,2	2,2 / 12,0	2,2 / 12,2	2,2 / 12,1	2,2 / 12,6	1,9 / 11,1	2,0 / 11,4	2,0 / 11,7	2,2 / 12,4	2,1 / 12,0	2,3 / 13,4	2,5 / 14,8	2,1 / 13,9	2,6 / 15,1	2,1 / 12,2			
1957	IV+	Or I / L_I				2,3 / 12,2	2,4 / 13,0	—	2,2 / 12,1	—	2,6 / 14,7	1,8 / 10,3	2,0 / 11,5	2,1 / 12,0	2,2 / 12,8	2,2 / 12,9	2,4 / 13,7	2,2 / 12,9	2,4 / 14,2	—	2,0 / 11,7	
1956	V+	Or I / L_I											2,0 / 11,1	2,0 / 11,1	2,2 / 12,4	2,1 / 11,8	1,9 / 11,1	2,1 / 12,3	1,8 / 10,7			
1955	VI+	Or I / L_I											2,0 / 11,1	1,8 / 10,0			1,9 / 11,4	1,9 / 11,8	1,9 / 10,5	2,2 / 12,2	2,5 / 14,6	2,7 / 16,0
1954	VII+	Or I / L_I																2,2 / 12,0	2,0 / 11,5	2,2 / 12,1	2,0 / 11,4	

Tabelle 39

Clupea harengus, Kanalhering. Verhältnis L_{II}—Or II der einzelnen Jahresklassen, geordnet nach Fischlängen beim Fang.

Jahres-klassen	Alters-klassen im Fang	Or II / L_{II}	21,5 bis 21,9	22,0 bis 22,4	22,5 bis 22,9	23,0 bis 23,4	23,5 bis 23,9	24,0 bis 24,4	24,5 bis 24,9	25,0 bis 25,4	25,5 bis 25,9	26,0 bis 26,4	26,5 bis 26,9	27,0 bis 27,4	27,5 bis 27,9	28,0 bis 28,4	28,5 bis 28,9	29,0 bis 29,4	29,5 bis 29,9	30,0 bis 30,4	30,5 bis 30,9	31,0 bis 31,4
1959	II+	Or II / L_{II}	3,6 / 19,8	3,2 / 18,2	3,6 / 20,1	3,6 / 20,9	3,4 / 20,0	3,6 / 20,5	3,6 / 21,0	3,9 / 20,7	4,0 / 22,2	4,0 / 22,6	4,2 / 23,2	4,1 / 23,4								
1958	III+	Or II / L_{II}	2,8 / 14,9	3,0 / 17,0	3,0 / 16,6	3,2 / 17,4	3,2 / 17,7	3,4 / 18,7	3,4 / 19,4	3,3 / 19,2	3,3 / 18,8	3,4 / 19,9	3,6 / 20,4	3,6 / 20,7	3,6 / 21,1	3,3 / 20,1	3,7 / 22,0	3,4 / 22,4	3,9 / 22,7	3,6 / 20,8		
1957	IV+	Or II / L_{II}			3,2 / 16,9	3,2 / 16,9	3,1 / 16,8		3,1 / 17,1		3,5 / 19,8	2,9 / 16,6	3,3 / 19,0	3,4 / 19,4	3,5 / 20,4	3,5 / 20,6	3,7 / 21,2	3,6 / 21,1	3,6 / 21,4		3,7 / 21,7	
1956	V+	Or II / L_{II}												3,4 / 18,9	4,0 / 22,2	3,4 / 19,1	3,6 / 20,3	3,4 / 19,9	3,6 / 21,4	3,4 / 20,2		
1955	VI+	Or II / L_{II}											2,9 / 16,1				3,2 / 19,2	3,6 / 20,2	4,0 / 22,2	3,6 / 20,0	3,7 / 21,6	3,8 / 22,5
1954	VII+	Or II / L_{II}																3,9 / 21,2	3,6 / 20,7	3,8 / 20,9	3,6 / 20,5	

Tabelle 40

Clupea harengus, Kanalhering. Verhältnis L_{III}—Or III der einzelnen Jahresklassen, geordnet nach Fischlängen beim Fang.

Jahres-klassen	Alters-klassen im Fang	Or III / L_{III}	21,5 bis 21,9	22,0 bis 22,4	22,5 bis 22,9	23,0 bis 23,4	23,5 bis 23,9	24,0 bis 24,4	24,5 bis 24,9	25,0 bis 25,4	25,5 bis 25,9	26,0 bis 26,4	26,5 bis 26,9	27,0 bis 27,4	27,5 bis 27,9	28,0 bis 28,4	28,5 bis 28,9	29,0 bis 29,4	29,5 bis 29,9	30,0 bis 30,4	30,5 bis 30,9	31,0 bis 31,4
1958	III+	Or III / L_{III}	3,5 / 18,7	3,6 / 20,4	3,5 / 19,4	3,7 / 20,1	3,8 / 21,0	3,9 / 21,4	3,9 / 22,3	4,0 / 23,3	4,1 / 23,4	4,1 / 23,9	4,3 / 24,3	4,3 / 24,7	4,4 / 25,8	4,3 / 26,2	4,3 / 22,5	4,2 / 27,7	4,7 / 27,4	4,8 / 27,8		
1957	IV+	Or III / L_{III}				3,7 / 19,6	3,4 / 18,4		3,8 / 20,9		4,0 / 22,7	3,6 / 20,7	4,0 / 23,1	4,1 / 23,4	4,2 / 24,5	4,2 / 24,7	4,4 / 25,2	4,3 / 25,2	4,3 / 25,5		4,3 / 25,2	
1956	V+	Or III / L_{III}											3,5 / 19,4	4,0 / 22,3	4,2 / 23,3	4,1 / 23,0	4,2 / 23,7	4,1 / 24,0	4,2 / 24,5	4,3 / 25,5		
1955	VI+	Or III / L_{III}															4,0 / 24,0	4,3 / 24,1	4,4 / 24,4	4,2 / 23,3	4,1 / 23,9	4,5 / 26,6
1954	VII+	Or III / L_{III}																4,5 / 24,5	4,2 / 24,2	4,5 / 24,8	4,3 / 24,5	

Tabelle 41

Clupea harengus, Kanalhering. Verhältnis L_{IV}—Or IV der einzelnen Jahresklassen, geordnet nach Fischlängen beim Fang.

Jahres-klassen	Alters-klassen im Fang		cm/Lt																
			23,0 bis 23,4	23,5 bis 23,9	24,0 bis 24,4	24,5 bis 24,9	25,0 bis 25,4	25,5 bis 25,9	26,0 bis 26,4	26,5 bis 26,9	27,0 bis 27,4	27,5 bis 27,9	28,0 bis 28,4	28,5 bis 28,9	29,0 bis 29,4	29,5 bis 29,9	30,0 bis 30,4	30,5 bis 30,9	31,0 bis 31,4
1957	IV+	Or IV / L_{IV}	4,2 / 22,2	3,7 / 20,0	— / —	4,3 / 23,7	— / —	4,3 / 24,4	4,1 / 23,5	4,3 / 24,8	4,5 / 25,6	4,6 / 26,8	4,5 / 26,5	4,7 / 26,9	4,7 / 27,6	4,7 / 27,9	— / —	4,7 / 27,5	
1956	V+	Or IV / L_{IV}								4,2 / 23,3	4,4 / 24,5	4,7 / 26,1	4,6 / 25,8	4,7 / 26,5	4,7 / 27,0	4,6 / 26,9	4,3 / 25,5		
1955	VI+	Or IV / L_{IV}												4,3 / 25,8	4,7 / 26,4	4,8 / 26,6	4,8 / 26,7	4,6 / 26,8	4,8 / 28,4
1954	VII+	Or IV / L_{IV}													4,9 / 26,7	4,6 / 26,5	4,9 / 27,0	4,8 / 28,6	

Tabelle 42

Clupea harengus, Kanalhering. Verhältnis L_V—Or V der einzelnen Jahresklassen, geordnet nach Fischlängen beim Fang.

Jahres-klassen	Alters-klassen im Fang		cm/Lt									
			26,5 bis 26,9	27,0 bis 27,4	27,5 bis 27,9	28,0 bis 28,4	28,5 bis 28,9	29,0 bis 29,4	29,5 bis 29,9	30,0 bis 30,4	30,5 bis 30,9	31,0 bis 31,4
1956	V+	Or V / L_V	4,6 / 25,5	4,7 / 26,2	4,9 / 27,2	4,8 / 27,0	4,9 / 27,6	4,8 / 28,1	4,9 / 28,6	4,8 / 28,5		
1955	VI+	Or V / L_V					4,5 / 27,0	4,9 / 27,5	5,0 / 27,7	5,1 / 28,3	5,0 / 29,1	5,0 / 29,6
1954	VII+	Or V / L_V							5,0 / 27,2	4,9 / 28,2	5,1 / 28,1	4,9 / 27,9

Tabelle 43

Clupea harengus, Kanalhering. Verhältnis L_{VI}—Or VI der einzelnen Jahresklassen, geordnet nach Fischlängen beim Fang.

Jahres-klassen	Alters-klassen im Fang	Or VI L_{VI}	cm/Lt					
			28,5 bis 28,9	29,0 bis 29,4	29,5 bis 29,9	30,0 bis 30,4	30,5 bis 30,9	31,0 bis 31,4
1955	VI+	Or VI L_{VI}	4,6 27,6	5,0 28,0	5,1 28,3	5,3 29,5	5,2 30,3	5,2 30,8
1954	VII+	Or VI L_{VI}		5,2 28,3	5,0 28,8	5,3 29,2	5,1 29,0	

Tabelle 44

Clupea harengus, Kanalhering. Durchschnitts-Or I bis Or VII und L_I bis L_{VII} sowie Lt und Or T beim Fang der Jahresklassen 1954 bis 1960. Zugleich jährliche Wachstumsraten von Fisch- und Schuppenlängen der einzelnen Jahresklassen und deren Durchschnitt.

Jahres-klassen	Or I—Or VII L_I—L_{VII}	Volle Jahre							Or T und Lt beim Fang	Alters-klassen im Fang	Stück
		I	II	III	IV	V	VI	VII			
1960	Schuppenlänge Fischlänge	2,90 16,70							3,96 22,82	I+	5
1959	Schuppenlänge Fischlänge	2,52 14,36	3,68 20,87						4,26 24,32	II+	86
1958	Schuppenlänge Fischlänge	2,14 13,83	3,39 19,16	4,09 23,40					4,49 25,75	III+	158
1957	Schuppenlänge Fischlänge	2,23 12,83	3,48 20,01	4,17 24,16	4,54 26,24				4,82 27,88	IV+	71
1956	Schuppenlänge Fischlänge	2,05 11,63	3,51 20,25	4,15 23,76	4,58 26,40	4,82 27,82			5,02 28,86	V+	45
1955	Schuppenlänge Fischlänge	2,19 12,40	3,71 20,99	4,29 24,25	4,66 26,75	4,95 28,15	5,11 29,04		5,26 29,97	VI+	8
1954	Schuppenlänge Fischlänge	2,06 11,63	3,66 20,74	4,31 24,24	4,74 27,20	4,93 27,96	5,11 28,84	5,24 29,59	5,34 29,99	VII+	7
Durch-schnitt	Schuppenlänge Fischlänge	2,14 12,89	3,45 19,63	4,13 23,68	4,58 26,38	4,85 27,89	5,11 28,95	5,24 29,59		Total	380

II+- und VII+-Tiere (Jahresklassen 1960 und 1955) repräsentierten 10,1% und 9,2%, während von den ältesten Tieren (Jahresklasse 1954, VIII+) nur 1,2% aufschienen.

Die jüngste im Fang aufscheinende Altersklasse ist zum Fangzeitpunkt mit 24,7 cm und II+-Jahren bereits größer als der Durchschnitt aller Jahresklassen mit vollendetem dritten Jahr, welcher 23,2 cm beträgt. Dies ist, wie bei allen vorher besprochenen Clupeiden-Gruppen, auf den Selektionsmechanismus der Netzmaschenweite zurückzuführen. Die Durchschnittslänge von 24,7 cm beim Fang stellt somit den mittleren Längenwert der raschwüchsigen Tiere dieser Jahresklasse dar und nicht den der gesamten Jahresklasse. Eine ähnliche, jedoch nur sehr geringfügige Überschneidung tritt auch bei den III+-Tieren im Fang und dem Durchschnittswert aller Jahresklassen bei vollendetem vierten Jahr auf.

Die durchschnittliche Länge aller III+-Tiere zum Fangzeitpunkt ist um 0,4 cm größer als die mittlere Länge aller Jahresklassen zusammen bei vier Jahren. Dies legt die Vermutung nahe, daß auch die III+-Tiere noch nicht vollständig von den Netzen erfaßt werden. Eine strenge Selektion der Längengruppen durch die Fanggeräte ist schon deshalb zu erwarten, weil die bearbeitete Probe aus Treibnetzfängen herrührt.

Die Tiere der VII+-Gruppe (Jahresklasse 1955) waren beim Fang 29,4 cm lang, der Durchschnitt der Jahresklasse 1954 betrug bei acht vollen Jahren nur 28,3 cm. Diese Erscheinung ist auf folgende Gegebenheiten zurückzuführen: Die Altersklasse VIII+, aus welcher der Durchschnitt dieser Klasse bei acht vollen Jahren berechnet wurde, ist nur durch drei Individuen repräsentiert, welche besonders langsamen Wuchs erkennen lassen, wie aus den Tabellen 47 bis 53 und Tabelle 45 ersichtlich wird. Darüber hinaus ist der Wert von 28,3 cm der Mittelwert nur einer einzigen Jahresklasse (1954) und stellt somit keinen Durchschnittswert, der als Vergleichsbasis in dem hier angewandten Sinne dienen könnte, dar. Die besondere Langsamwüchsigkeit der drei Tiere der Jahresklasse 1954 ist auch daraus zu ersehen, daß selbst die Fische der Jahresklasse 1956 beim Fang als VI+-Tiere bereits größer waren als die Jahresklasse 1954 mit acht Jahren. Schuppen- und Fischlängen der Jahresklasse 1954 blieben in der untersuchten Probe bei allen vollen Jahren weit unter dem Durchschnitt. Auch die Totallängen der Fische und deren Schuppen beim Fang dieser Jahresklasse waren kleiner als die der beiden nächst jüngeren Altersklassen. Ob diese Langsamwüchsigkeit der gesamten Jahresklasse zu eigen ist oder nur zufällig in der Probe aufscheint, kann auf Grund des viel zu kleinen Materials der Jahresklasse 1954 nicht beurteilt werden (Tab. 45).

Eine Unterscheidung der Altersklassen des Bank-Herings mittels der Schuppen- und Fischlängen ist bis zur Altersgruppe der Fünfjährigen zwar möglich, jedoch auf Grund der relativ geringfügigen Unterschiede der Schuppenlängen verschieden alter, beim Fang jedoch gleich langer Tiere für die praktische Altersanalyse der Fänge zu ungenau. Bei älteren Tieren wird die Differenzierung der Altersklasse durch die relative Abnahme der Wachstumsraten von Schuppen- und Fischlängen und die dadurch immer kleiner werdenden Unterschiede zwischen diesen praktisch unmöglich.

Innerhalb der einzelnen Längengruppen überschneiden sich bis zu fünf Altersklassen. Bis zur Längengruppe 28 cm besitzen die älteren der beim Fang gleich langen Tiere größere Schuppen als die jüngeren. Ab dem Auftreten der Jahresklasse 1956 (VI+-Gruppe) kommen in einigen Längengruppen gleiche Schuppenlängen verschiedener Altersgruppen von beim Fang gleich langen Tieren vor. Z. B. besitzen die Altersklassen IV+ und VI+ innerhalb der Längengruppe 28,5—28,9 cm eine Schuppenlänge von 5,2 mm (Tab. 46). Die Jahresklasse 1954 (VIII+-Tiere), deren Schuppenlänge bei 28,5 cm Fanglänge ebenfalls 5,2 mm betrug, soll nicht in die vergleichende Betrachtung einbezogen werden, da die Tiere dieser Jahresklasse besonders langsamwüchsig waren und es nicht feststeht, ob diese Langsamwüchsigkeit der Jahresklasse tatsächlich zu eigen ist oder nur zufällig dem Probenmaterial anhaftet.

Die mittleren Werte aller Altersklassen für das Verhältnis Fischlänge—Schuppenlänge sind in Figur 10 (Eichkurve) dargestellt. Im untersuchten Bereich ist das Verhältnis im großen Durchgang annähernd linear. Das geringfügig um die Gerade schwankende Auf und Ab der einzelnen Punkte ergibt sich zum Teil durch das Übergewicht jeweils einer Altersklasse bei den einzelnen Längen und bestätigt den für jede Altersklasse unterschiedlichen Kurvenverlauf. Bei Verwendung nicht gewogener Durchschnittswerte würden die Punkte sich noch weiter der Geraden annähern.

Die Werte von Or I bis Or VIII lassen auch bei Anordnung der Altersklassen nach Längen beim Fang das Leesche Phänomen kaum erkennen (Tab. 47 bis 53). Es tritt beim Bank-Hering auch kein „scheinbares" Schrumpfen (apparent shrinkage) der Schuppen ein. Nur die Werte der jüngsten im Fang auftretenden Altersklasse (II+) sind in allen Fällen, sowohl für Or I—L_I als auch für Or II—L_{II}, gegenüber allen anderen Altersklassen innerhalb der einzelnen Längengruppen überhöht. Ohne Zweifel ist der Selektionsmechanismus für diese Erscheinung verantwortlich. Die rückberechneten Werte für L_I bis L_{VIII} lassen das Leesche Phänomen gut erkennen. Bei Anordnung des Materials nach Längen beim Fang werden die rückberechneten Fischlängenwerte innerhalb der einzelnen Längengruppen für die älteren Individuen immer kleiner, wie dies so sein muß, da eine Gruppierung nach Wüchsigkeit vorgenommen wurde. Da die Schuppen der älteren Tiere nicht, dagegen jedoch deren rückberechnete Längen kleiner werden, ist schon dadurch erwiesen, daß es kein „apparent shrinkage" der Schuppen und damit kein Leesches Phänomen beim Bank-Hering gibt, sondern allein die unterschiedliche Wachstumsgeschwindigkeit verschiedener Individuen der einzelnen Jahresgänge zum Ausdruck kommt. Weiters ist damit erwiesen, daß das Schuppenwachstum und die Schuppengröße nicht nur von der Länge, sondern auch vom Alter des Fisches abhängig ist. Denn auch die bei jeweils gleichen vollen Jahren kleineren Fische von mehreren verschiedenen Jahresklassen besaßen ähnliche Schuppenlängen als die größeren. Daraus geht hervor, daß das Schuppenwachstum eine Funktion von Länge und Alter ist (Tab. 47 bis 53). Vergleicht man die durchschnittlichen Fisch- und Schuppenlängen bei jeweils vollen Jahren der einzelnen Jahresklassen, also ohne das Material nach Längen beim Fang zu ordnen, so ist überhaupt kein Absinken der Werte festzustellen. Die Durchschnittsgrößen von Fisch und Schuppe bei vollen Jahren variieren zufällig im normalen Bereich und werden nicht kleiner, wenn man von älteren Altersklassen ausgeht als von jüngeren (Tab. 45).

Tabelle 45

Clupea harengus, Bank-Hering. Durchschnitts-Or I bis Or VIII und L_I bis L_{VIII} sowie Lt und Or T beim Fang der Jahresklassen 1954 bis 1960. Zugleich jährliche Wachstumsraten von Fisch- und Schuppenlängen der einzelnen Jahresklassen und deren Durchschnitt.

Jahres-klassen	Or I—Or VIII L_I—L_{VIII}	Volle Jahre								Or T und Lt beim Fang	Alters-klassen im Fang	Stück
		I	II	III	IV	V	VI	VII	VIII			
1960	Schuppenlänge Fischlänge	2,6 14,3	4,0 22,3							4,3 24,7	II+	24
1959	Schuppenlänge Fischlänge	1,9 10,3	3,1 17,1	4,3 23,7						4,7 25,8	III+	88
1958	Schuppenlänge Fischlänge	2,0 10,6	3,1 17,0	4,1 22,4	4,6 25,0					4,9 26,9	IV+	47
1957	Schuppenlänge Fischlänge	2,2 11,9	3,4 18,3	4,2 23,1	4,6 25,2	4,9 26,9				5,1 28,1	V+	25
1956	Schuppenlänge Fischlänge	2,0 10,8	3,4 17,4	4,2 23,7	4,7 25,6	4,9 27,3	5,1 28,7			5,2 29,1	VI+	30
1955	Schuppenlänge Fischlänge	1,9 10,3	3,0 16,2	4,2 22,9	4,6 25,4	4,9 26,9	5,1 28,0	5,3 28,8		5,4 29,4	VII+	22
1954	Schuppenlänge Fischlänge	1,6 9,1	2,8 15,8	3,8 21,4	4,3 23,5	4,6 25,7	4,8 26,6	4,9 27,3	5,1 28,3	5,2 29,0	VIII+	3
Durch-schnitt	Schuppenlänge Fischlänge	1,9 10,6	3,1 17,2	4,3 23,2	4,6 25,4	4,9 27,1	5,1 28,3	5,2 28,7	5,1 28,3		Total	239

Tabelle 46

Clupea harengus, Bank-Hering. Verhältnis Lt—Or T der einzelnen Altersklassen. Schuppenlängen gleich langer Fische verschiedener Altersklassen.

Alters-klassen	cm/Lt																	
	22,0 bis 22,4	22,5 bis 22,9	23,0 bis 23,4	23,5 bis 23,9	24,0 bis 24,4	24,5 bis 24,9	25,0 bis 25,4	25,5 bis 25,9	26,0 bis 26,4	26,5 bis 26,9	27,0 bis 27,4	27,5 bis 27,9	28,0 bis 28,4	28,5 bis 28,9	29,0 bis 29,4	29,5 bis 29,9	30,0 bis 30,4	30,5 bis 30,9	31,0 bis 31,4
II+	4,2	—	4,3	4,2	4,2	4,2	4,5	4,5	4,5	4,3									
III+				4,4	4,5	4,5	4,6	4,6	4,7	4,8	4,8	4,9							
IV+						4,8	4,8	4,7	4,9	4,9	4,9	5,0	5,0	5,2		5,3			
V+								5,0	4,9	5,1	5,3	—	5,1	5,1	5,1	5,2	—		
VI+												5,0	5,2	5,2	5,2	5,3	5,2	5,2	
VII+												5,4	—	5,6	5,4	5,4	5,4	5,6	
VIII+														5,2	5,5	4,9		5,7	

Tabelle 47

Clupea harengus, Bank-Hering. Verhältnis L_I—Or I der einzelnen Jahresklassen, geordnet nach Längen beim Fang.

Jahres-klassen	Alters-klassen im Fang	Or I L_I	cm/Lt																
			22,0 bis 22,4	22,5 bis 22,9	23,0 bis 23,4	23,5 bis 23,9	24,0 bis 24,4	24,5 bis 24,9	25,0 bis 25,4	25,5 bis 25,9	26,0 bis 26,4	26,5 bis 26,9	27,0 bis 27,4	27,5 bis 27,9	28,0 bis 28,4	28,5 bis 28,9	29,0 bis 29,4	29,5 bis 29,9	30,0 bis 30,4	30,5 bis 30,9
1960	II+	Or I L_I	2,3 12,3	— —	2,5 13,3	2,5 14,1	2,6 13,4	2,4 14,5	2,6 14,8	2,6 14,7	2,6 14,9	2,7 16,6								
1959	III+	Or I L_I				1,8 12,5	1,8 9,5	1,7 9,5	1,8 9,9	1,9 10,5	1,9 10,4	1,8 10,2	1,9 10,7	1,9 10,4						
1958	IV+	Or I L_I						1,8 9,2	1,8 9,2	2,3 12,6	2,1 11,2	1,8 9,7	2,0 11,0	1,8 10,2	1,7 9,4	2,3 12,8	— —	2,4 13,3			
1957	V+	Or I L_I								2,6 13,5	1,8 9,9	2,0 10,5	2,1 10,7	— —	2,2 12,2	2,2 12,1	— —	2,5 14,2	— —		
1956	VI+	Or I L_I												1,6 8,9	2,1 11,6	2,0 11,1	2,0 11,0	1,9 10,4	2,2 13,1	2,1 12,5	
1955	VII+	Or I L_I												1,8 9,2	— —	1,7 8,9	1,8 9,9	2,0 11,2	2,0 11,2	1,7 9,4	
1954	VIII+	Or I L_I														1,6 8,8	1,5 9,1	1,5 9,1		1,7 9,1	

Tabelle 48

Clupea harengus, Bank-Hering. Verhältnis L_{II}—Or II der einzelnen Jahresklassen, geordnet nach Längen beim Fang.

Jahres-klassen	Alters-klassen im Fang	Or II L_{II}	cm/Lt																	
			22,0 bis 22,4	22,5 bis 22,9	23,0 bis 23,4	23,5 bis 23,9	24,0 bis 24,4	24,5 bis 24,9	25,0 bis 25,4	25,5 bis 25,9	26,0 bis 26,4	26,5 bis 26,9	27,0 bis 27,4	27,5 bis 27,9	28,0 bis 28,4	28,5 bis 28,9	29,0 bis 29,4	29,5 bis 29,9	30,0 bis 30,4	30,5 bis 30,9
1960	II+	Or II L_{II}	3,7 19,7	— —	3,9 20,6	3,8 21,4	3,2 21,7	4,1 22,2	4,1 23,2	4,0 22,8	4,0 23,3	4,0 24,6								
1959	III+	Or II L_{II}				3,4 23,0	2,9 15,0	3,0 16,6	3,0 16,4	3,0 17,1	3,1 17,2	3,1 17,2	3,1 17,2	3,3 18,7						
1958	IV+	Or II L_{II}						2,8 14,3	2,8 14,9	3,4 18,7	3,2 17,2	3,0 16,3	2,9 16,1	3,1 17,1	3,2 18,2	3,7 20,2		3,2 17,7		
1957	V+	Or II L_{II}								3,9 20,2	3,1 16,9	3,3 17,2		— —	3,2 19,9	3,3 18,7	3,6 20,7	3,8 21,8	— —	
1956	VI+	Or II L_{II}												3,0 16,7	3,3 18,0	3,2 17,6	3,0 17,0	3,1 17,7	3,2 19,1	
1955	VII+	Or II L_{II}													— —	2,8 14,3	2,8 15,5	3,0 16,8	3,2 18,1	2,7 14,5
1954	VIII+	Or II L_{II}												3,4 17,4		2,9 15,9	2,9 15,3	2,7 16,3		

Tabelle 49

Clupea harengus, Bank-Hering. Verhältnis L_{III}—Or III der einzelnen Jahresklassen, geordnet nach Längen beim Fang.

Jahres-klassen	Alters-klassen im Fang	Or III L_{III}	cm/Lt															
			23,5 bis 23,9	24,0 bis 24,4	24,5 bis 24,9	25,0 bis 25,4	25,5 bis 25,9	26,0 bis 26,4	26,5 bis 26,9	27,0 bis 27,4	27,5 bis 27,9	28,0 bis 28,4	28,5 bis 28,9	29,0 bis 29,4	29,5 bis 29,9	30,0 bis 30,4	30,5 bis 30,9
1959	III+	Or III L_{III}	4,1 21,9	4,1 21,8	4,1 22,8	4,2 22,8	4,2 23,6	4,3 24,1	4,4 24,6	4,4 24,7	4,5 25,3	4,2 24,0	4,5 24,8	4,3 24,0			
1958	IV+	Or III L_{III}			3,8 19,4	3,7 19,5	4,1 22,8	4,1 21,9	4,0 21,6	3,9 21,7	4,3 23,6		4,1 23,0	4,3 24,7	4,4 25,0	4,3 25,5	
1957	V+	Or III L_{III}					4,3 22,3	4,2 22,6	4,2 22,3	4,2 21,6	— —	4,2 23,5	4,3 23,8	4,3 24,7			
1956	VI+	Or III L_{III}									4,0 22,5	4,2 23,3	4,3 23,8	4,2 23,5	4,3 23,8	4,1 24,3	4,6 25,4
1955	VII+	Or III L_{III}									4,4 22,5		4,3 22,2	4,1 23,0	4,1 22,7	4,1 23,4	4,4 23,6
1954	VIII+	Or III L_{III}											3,9 21,4	3,8 20,0	3,8 22,9		

63

Tabelle 50

Clupea harengus, Bank-Hering. Verhältnis L_{IV}—Or IV der einzelnen Jahresklassen, geordnet nach Längen beim Fang.

Jahres-klassen	Alters-klassen im Fang	Or IV L_{IV}	cm/Lt											
			24,5 bis 24,9	25,0 bis 25,4	25,5 bis 25,9	26,0 bis 26,4	26,5 bis 26,9	27,0 bis 27,4	27,5 bis 27,9	28,0 bis 28,4	28,5 bis 28,9	29,0 bis 29,4	29,5 bis 29,9	30,0 bis 30,4	30,5 bis 30,9
1958	IV+	Or IV L_{IV}	4,3 21,9	4,5 23,8	4,4 24,5	4,6 24,3	4,6 24,8	4,5 24,8	4,5 25,9	4,7 26,5	4,9 27,0	— —	4,9 27,7		30,5 bis 30,9
1957	V+	Or IV L_{IV}			4,6 23,8	4,4 23,8	4,7 24,6	4,8 25,0	— —	4,6 25,5	4,5 25,4	4,7 29,9	4,8 27,0	— —	4,3 23,9
1956	VI+	Or IV L_{IV}							4,4 24,5	4,7 25,6	4,7 25,8	4,6 25,8	4,7 26,2	4,6 26,9	5,1 28,1
1955	VII+	Or IV L_{IV}							4,7 24,0	— —	4,9 25,0	4,6 25,3	4,6 25,4	4,7 26,4	4,3 25,6
1954	VIII+	Or IV L_{IV}									4,2 23,0	4,4 23,2	4,2 25,4		

Tabelle 51

Clupea harengus, Bank-Hering. Verhältnis L_V—Or V der einzelnen Jahresklassen, geordnet nach Längen beim Fang.

Jahres-klassen	Alters-klassen im Fang	Or V L_V	cm/Lt										
			25,5 bis 25,9	26,0 bis 26,4	26,5 bis 26,9	27,0 bis 27,4	27,5 bis 27,9	28,0 bis 28,4	28,5 bis 28,9	29,0 bis 29,4	29,5 bis 29,9	30,0 bis 30,4	30,5 bis 30,9
1957	V+	Or V L_V	4,8 24,9	4,7 25,2	4,9 25,7	5,1 26,2	— —	4,8 26,9	5,0 27,8	4,9 26,5	5,1 28,7	— —	5,0 29,7
1956	VI+	Or V L_V					4,7 26,2	4,9 26,7	4,9 27,0	4,9 27,2	5,0 27,8	4,9 28,4	5,3 29,3
1955	VII+	Or V L_V					4,9 25,0	— —	5,1 26,0	4,9 26,5	4,9 27,3	4,9 27,8	5,2 27,9
1954	VIII+	Or V L_V							4,6 25,2	4,8 25,3	4,4 26,6		

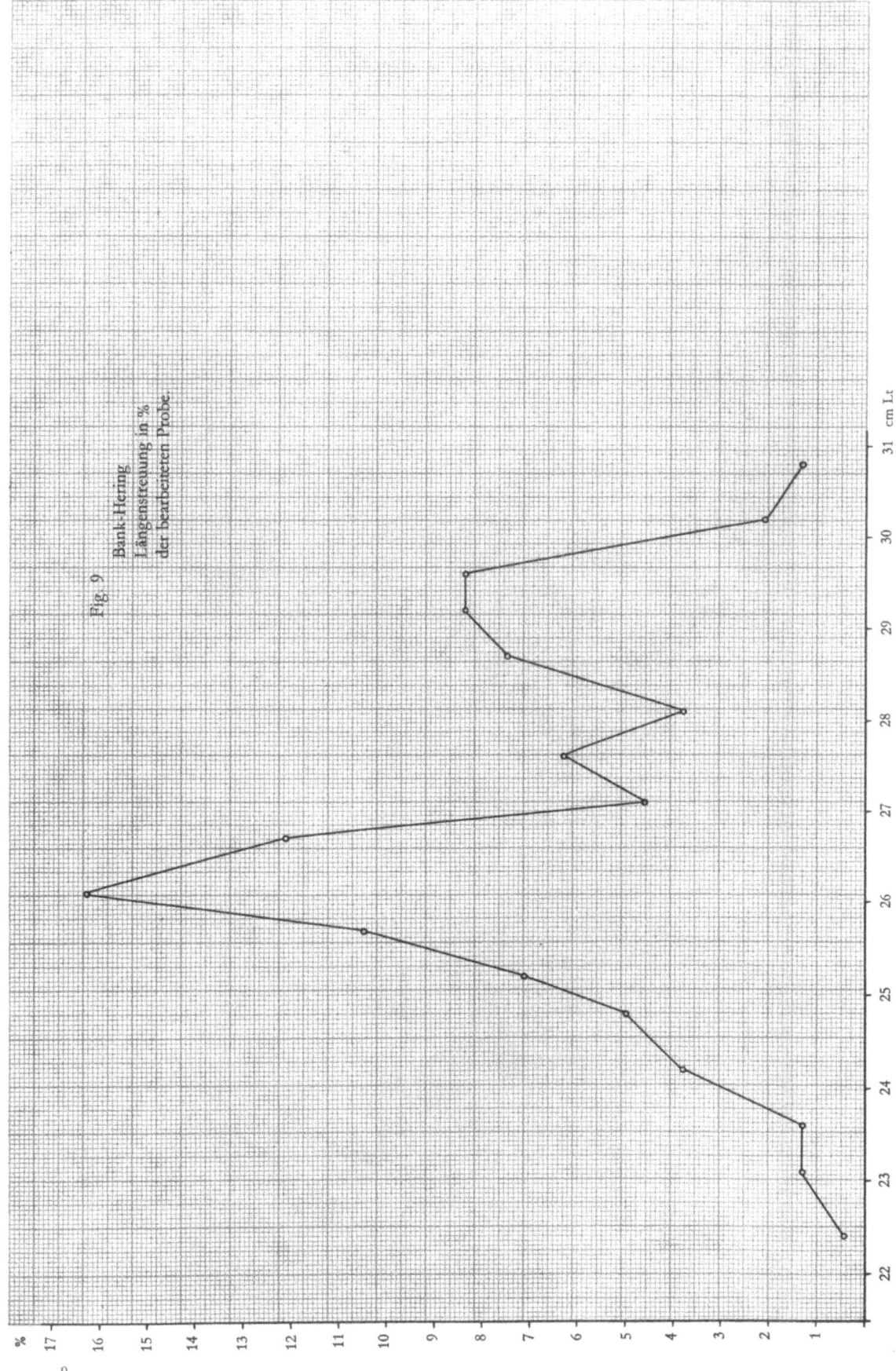

Fig. 9
Bank-Hering
Längenstreuung in %
der bearbeiteten Probe

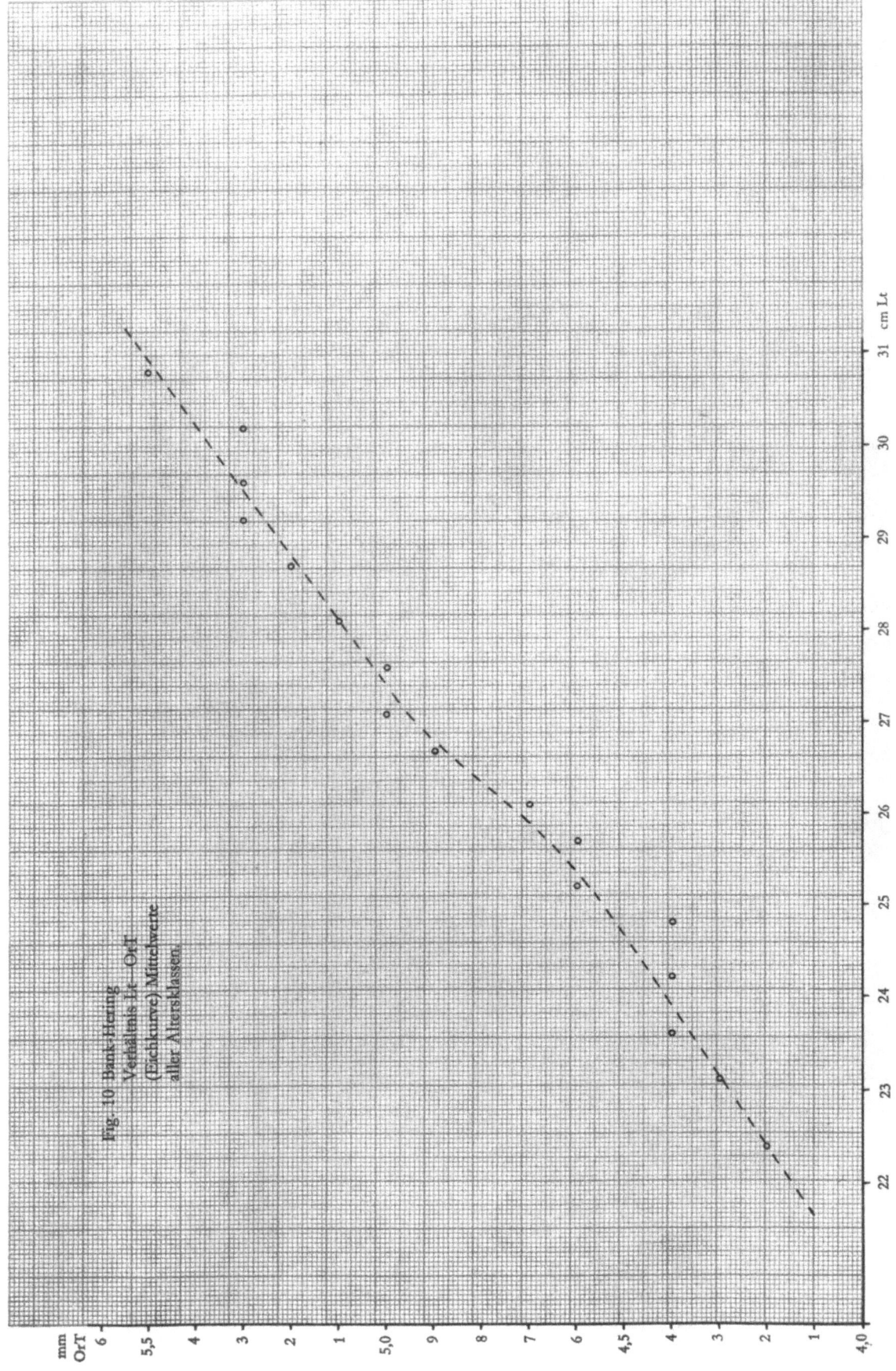

Fig. 10 Bank-Hering
Verhältnis Lt–OrT
(Eichkurve) Mittelwerte
aller Altersklassen.

Tabelle 52

Clupea harengus, Bank-Hering. Verhältnis L_{VI}—Or VI der einzelnen Jahresklassen, geordnet nach Fischlängen beim Fang.

Jahres-klassen	Alters-klassen im Fang	Or VI L_{VI}	cm/Lt					
			27,5 bis 27,9	28,0 bis 28,4	28,5 bis 28,9	29,0 bis 29,4	29,5 bis 29,9	30,0 bis 30,4	30,5 bis 30,9
1956	VI+	Or VI L_{VI}	4,9 27,0	5,0 27,4	5,0 27,9	5,1 28,4	5,2 28,8	5,0 29,3	5,5 30,4
1955	VII+	Or VI L_{VI}	5,0 25,5	—	5,3 27,3	5,1 27,7	5,1 26,9	5,1 29,1	5,3 28,5
1954	VIII+	Or VI L_{VI}			4,8 26,3	5,0 26,3	4,5 27,2		

Tabelle 53

Clupea harengus, Bank-Hering. Verhältnis L_{VII}—Or VII der einzelnen Jahresklassen, geordnet nach Fischlängen beim Fang.

Jahres-klassen	Alters-klassen im Fang	Or VII L_{VII}	cm/Lt					
			27,5 bis 27,9	28,0 bis 28,4	28,5 bis 28,9	29,0 bis 29,4	29,5 bis 29,9	30,0 bis 30,4	30,5 bis 30,9
1955	VII+	Or VII L_{VII}	5,2 26,6	—	5,5 28,1	5,3 28,9	5,3 29,4	5,2 29,7	5,5 29,5
1954	VIII+	Or VII L_{VII}			4,9 26,8	5,2 27,4	4,6 27,8		

Der Vollständigkeit halber seien die Werte für L_{VIII}—Or VIII nachfolgend wiedergegeben. (Jahresklasse 1954)

	cm/Lt		
	28,5	29,0	29,5
Or VIII	5,0	5,4	4,8
L_{VIII}	27,4	28,5	29,0

3. Anwendungsmöglichkeit des Verhältnisses Fischlänge—Schuppenlänge für die Altersbestimmung

Für welche Arten und Gruppen der untersuchten Clupeiden das Verhältnis Fischlänge—Schuppenlänge zur Altersbestimmung herangezogen werden kann, geht bereits aus der Besprechung der einzelnen Arten hervor. Es sollen an dieser Stelle daher bloß einige Gesichtspunkte allgemeiner Natur zur Diskussion gestellt werden.

Das Alter eines Einzelfisches kann mit Hilfe der Schlüsseltabelle nicht bestimmt werden, weil die Streuungen der Schuppenlängen innerhalb der einzelnen Längenklassen von Fisch zu Fisch zu groß sind. Dagegen ergeben die Durchschnittswerte aus einem entsprechend großen Untersuchungsmaterial Zahlen, deren Genauigkeit mit den aus den konservativen Methoden der Altersbestimmung an Hand der Jahresringe an den Schuppen oder Otolithen gewonnenen Resultaten vergleichbar ist. Die Altersbestimmung mittels Schlüsseltabelle wird daher bei fischereibiologischen Untersuchungen einen Anwendungsbereich finden können, bei welchem das Alter eines Fischstockes, die Zusammensetzung der Altersklassen in kommerziellen Fängen festzustellen ist und wie sie für jede Altersanalyse zur Berechnung von Variationsstatistiken, Populationsdynamiken und die Erstellung von Fangprognosen, Mortalitätsberechnungen usw. regelmäßig benötigt wird.

Der für jede Clupeidenart oder -gruppe aus dem Verhältnis Fischlänge—Schuppenlänge aufzustellenden Schlüsseltabelle ist ein Untersuchungsmaterial zugrunde zu legen, welches in möglichst allen fangbaren Längengruppen einen adäquaten Umfang aufweist. Wie groß der Umfang sein muß, hängt bei jeder Gruppe von verschiedenen Faktoren ab, besonders von der Anzahl der sich in jeder Längenklasse überschneidenden Altersklassen. Mittels derartiger Schlüsseltabellen kann die Alterszusammensetzung der Fänge ohne Schwierigkeiten festgestellt werden. Die Genauigkeit wird dabei nur durch die Maxima-Minima-Streuungen der Schuppenlängen gleich langer Tiere beeinträchtigt. Wie aus allen Tabellen, die das Verhältnis Fischlänge—Schuppenlänge gleich langer aber verschieden alter Tiere beim Fang zeigen, zu ersehen ist, können mögliche Fehlbestimmungen am ehesten in den kleinsten und in den größten Längenklassen der einzelnen Altersklassen entstehen, weil die größten Individuen einer Altersklasse und die kleinsten der nächst älteren Altersklasse den geringsten Unterschied in der Schuppenlänge aufweisen. Es wurde bereits darauf hingewiesen, daß in solchen Fällen meistens eine Trennung der Altersklassen unter Berücksichtigung der Fischlänge möglich ist. In nachfolgender Zusammenstellung wird ersichtlich, wie aus jeder ermittelten Schuppenlänge die Altersklassenzugehörigkeit festgestellt werden kann, wenn die dazugehörige Fischlänge bekannt ist.

Or T von	bis	Alter	wenn Fischlänge von	bis
	4,0[1])	I+	20,0	23,5
	4,1	I+	24,0	größer
4,1	4,4	II+		23,0
4,2	4,4	II+	23,5	24,5
4,2	4,5	II+	25,0	26,5
4,2	4,6	II+	27,0	größer
4,5	4,8	III+		24,5
4,6	4,8	III+	25,0	26,5
4,7	4,9	III+	27,0	größer
4,9	5,1	IV+		26,5
5,0	5,1	IV+	27,0	29,0
5,0	5,2	IV+	29,5	größer
5,2	5,4	V+		29,0
5,3	5,4	V+	29,5	größer
5,5	größer	VI+		

[1]) Die Abgrenzung der 0+- von der I+-Klasse konnte aus dem bearbeiteten Material nicht durchgeführt werden.

Mittels dieser Zusammenstellung, die aus den Untersuchungen zum Fischlängen—Schuppenlängen-Verhältnis des Ostseeherings stammt, kann eine Altersanalyse einer Population mit genügender Genauigkeit ausgeführt werden, wie die vergleichsweise eingetragenen Werte in Tabelle 15 beweisen. Einzelne Fische bestimmter Altersklassen werden zwar solchen Längenklassen zugeordnet, in welchen diese Altersklassen tatsächlich nicht mehr oder noch nicht auftreten, wodurch die Zusammensetzung der Altersklassen in den einzelnen Längengruppen nicht immer stimmt. Diese Fehler resultieren natürlich aus der Maxima-Minima-Streuung der Schuppenlängen. In einem entsprechend großen Material werden sie im Hinblick auf das Gesamtverhältnis der Altersklassen zueinander jedoch beinahe vollkommen ausgeglichen (Tab. 15). Abweichungen liegen im Bereich der Fehlergrenze und sind außerdem dort am größten, wo am wenigsten Material zugrunde liegt.

Die nicht ganz auszuschließenden Fehlbestimmungen in den End- und Anfangsgrößenklassen jeder Altersklasse werden allein schon durch die Tatsache in kleinem Rahmen gehalten, daß in diesen Längenklassen nur der geringste Teil der Altersklassen auftritt. Dies muß zwangsläufig so sein, da die Längenverteilung innerhalb jeder Altersklasse einer

Binominalkurve ähnlich ist, so daß die mittleren Längenklassen die häufigste Frequenz aufweisen, während die Vertreter der größten und kleinsten Längenklassen Seltenheitswert besitzen.

Für die Erstellung der Fanganalysen ist es nach der konservativen Methode notwendig, die Altersbestimmungen jedes Jahr an einem entsprechend umfangreichen Material neu durchzuführen. Dagegen kann eine einmal ausgearbeitete Schlüsseltabelle auch in den folgenden Jahren verwendet werden. Es ist nur auf eine eventuelle Veränderung der Wachstumsraten in einer Fischgruppe (Laichgemeinschaft) zu achten, welche durch Kontrolluntersuchungen einiger für den Totalfang charakteristischer Längenklassen festgestellt werden kann. Innerhalb des normalen Bereiches liegende Wachstumsunterschiede der verschiedenen Jahrgänge innerhalb ein- und derselben Fischgruppe brauchen keine Änderung der Schlüsseltabelle zur notwendigen Folge zu haben, wie aus den mehrjährigen Untersuchungen mit *Sardinops ocellata* hervorgeht. Selbst die bei dieser Art tatsächlich stattgefundene Reduktion der Wachstumsgeschwindigkeit der Jahresklassen 1957 und 1958 hatte auf die Schlüsseltabelle keinen entscheidenden Einfluß, da gleichermaßen eine Verschiebung der Schuppenlängen mit dem Kleinerwerden der Fischlängen bei gleichem Alter eintrat. Die Schlüsseltabelle brauchte für die neuen Jahrgänge nur ergänzt zu werden. Da die Fischlängen bei gleichem Alter sehr stark streuen, die Schuppenlängen sich jedoch relativ in wesentlich engeren Grenzen halten, war dieses Ergebnis eigentlich vorauszusehen. Würde sich die Durchschnittslänge einer Jahresklasse von einem zum nächsten Jahr um einige Zentimeter ändern, so machte die Durchschnittslänge der Schuppen eine relativ nur viel kleinere Änderung mit. Eine derartige Verschiebung des Gesamtverhältnisses von Fischlänge—Schuppenlänge würde sich innerhalb der einzelnen Längenklassen jedoch kaum bemerkbar machen. Diese Annahmen, welche durch die Ergebnisse von Untersuchungen an *Sardinops ocellata* gestützt werden, wären in mehrjährigen Untersuchungen bei den einzelnen Arten zu prüfen. Während dieser Zeit könnte mit großer Wahrscheinlichkeit durch die Anwendung der Schlüsseltabelle viel Zeit für die Altersbestimmung eingespart werden, die nur zum Teil durch die durchzuführenden Kontrollversuche kompensiert würde.

Da die Messung von Fischen und Schuppen auch von nicht speziell auf die Jahresringbestimmung an den Schuppen geschulten Laboranten, Technischen Assistenten u. dgl. durchgeführt werden kann, würde das Zeitproblem bei der Altersbestimmung eine weitere Vereinfachung durch Entlastung spezieller Kräfte mit sich bringen. Bei Bedarf könnte den fischereibiologischen Untersuchungen mit Hilfe der Schlüsseltabelle in der gleichen Zeiteinheit eine größere Zahl von Altersbestimmungen zugrunde gelegt werden. Dadurch wäre eine im statistischen Sinn genauere Altersanalyse gewährleistet.

Die Bestimmung des Alters nach der Schlüsseltabelle birgt jedoch einen Vorteil in sich, der über die erwähnten Erleichterungen in der Bearbeitung eines Materials hinausreicht. Es ist damit erstmals die Möglichkeit geschaffen, in der Altersbestimmung einer Population zu unbedingt vergleichbaren Resultaten zu gelangen. Untersuchungen, die von verschiedenen, zeitlich und örtlich voneinander getrennt arbeitenden Beobachtern ausgeführt würden, führten zu einer völlig gleichlautenden Altersbestimmung, wenn sie alle nach derselben Schlüsseltabelle vorgingen. Daß dies bis jetzt durchaus nicht immer der Fall ist, beweisen lange Diskussionen bei den Kongressen und Tagungen einer Vielzahl mit der Clupeidenforschung beschäftigter Organisationen der verschiedensten Staaten. In General Fisheries Council for the Mediterranean Studies and Reviews, I, 1957, wird berichtet, daß die Experten der mit den Clupeiden beschäftigten „Working Group" des GFCM mit Nachdruck betonten „That the present state of our knowledge in this field is far from satisfactory, the opinion of specialists being very much divided on the value to be attached to ‚winter' rings. In view of the importance of correct age determination for fisheries biology studies (dynamics of populations, condition of stocks, etc.) it is strongly recommended that critical studies on this subject be intensified, and that as much data as possible be assambled regarding the period of formation of the first rings in various zones, and the percentage of non-utilizable scales".

Schließlich könnte die Altersbestimmung mittels einer einmal erstellten Schlüsseltabelle auch bei tropischen Fischen vorteilhaft angewendet werden, bei welchen durch die geringen jahreszeitlichen Klimaunterschiede die Ausbildung der Jahresringe oftmals besonders undeutlich ist. Ihre Auffindung ist deshalb mit erheblichen Schwierigkeiten verbunden, oft sind zwei Drittel und mehr der Proben für die Altersbestimmung überhaupt ungeeignet. In solchen Fällen ist eine gleiche Ergebnisse erzielende Altersbestimmung zwischen verschiedenen Beobachtern noch schwieriger, wenn nicht ausgeschlossen. Verschieden lautende Ergebnisse der Altersbestimmung einer Population läßt aber die Möglichkeit einer fruchtbaren Zusammenarbeit, und ganz besonders der internationalen Zusammenarbeit in der Clupeidenforschung, zumindest zweifelhaft erscheinen.

4. Vergleich des Verhältnisses Fischlänge — Schuppenlänge und der jährlichen Wachstumsraten aller besprochenen Clupeiden-Gruppen

Um eine einfache vergleichende Betrachtung des Verhältnisses Fischlänge—Schuppenlänge zu ermöglichen, wurden in den Tabellen 54, 55 und 56 die durchschnittlichen Schuppenlängen bei Fischlängen von 15 bis 39 cm, Schuppen- und Fischlängen der Altersklassen beim Fang und Schuppen- und Fischlängen der Altersklassen bei vollen Jahren für alle besprochenen Clupeiden-Gruppen aufgeführt. Dabei ist zu berücksichtigen, daß den Zahlen der als Anhang bei der Bearbeitung des isländischen Herings kurz besprochenen nordnorwegischen Heringe auf Grund des geringen und lückenhaften Materials nur bedingte Gültigkeit zukommen kann. In Tabelle 56 fehlt für *Sardinops ocellata* die Frequenzangabe; Fisch- und Schuppenlängen der Altersklassen I+ bis IV+ stellen Durchschnittswerte von ca. 3000 Individuen aus den Fangjahren 1957 bis 1959 dar.

Tabelle 54 bringt die zu den einzelnen Längengruppen gehörenden Schuppenlängen. Die Schuppenlängen sind Durchschnittswerte jeweils aller Altersklassen, welche innerhalb der einzelnen Längengruppen auftreten und entsprechen demnach den Eichkurvenwerten der einzelnen Clupeiden-Gruppen. Es ist klar ersichtlich, daß die Sardinengruppen *(ocellata* und *pilchardus)* im Verhältnis zur Fischlänge wesentlich größere Schuppen besitzen als die Heringsgruppen. **Unabhängig von der stark unterschiedlichen Wachstumsgeschwindigkeit entsprechen die Schuppenlängen der Sardinenarten bei gleicher Fischlänge einander weitgehend.**

Das gleiche gilt für die untersuchten Heringsgruppen. Die Schuppenlängen aller untersuchten Gruppen zeigen bei gleicher Fischlänge im großen gesehen eine weitgehende Übereinstimmung, obwohl die Fische der einzelnen Gruppen in teilweise gänzlich unterschiedlichen klimatischen Biotopen und daher anders gearteten Bedingungen leben. Es kann deshalb gesagt werden, daß das Verhältnis Fischlänge—Schuppenlänge art- oder gattungsgebunden ist und **nur innerhalb ganz bestimmter Grenzen von Außenfaktoren beeinflußt werden kann.** Heringe wie auch Sardinen besitzen also eine für jede Fischlänge charakteristische, mittlere Schuppenlänge. Abgesehen von dem unterschiedlichen Habitus der Schuppen kann allein aus dem Verhältnis Fischlänge—Schuppenlänge eindeutig bestimmt werden, ob es sich um eine Herings- oder um eine Sardinenschuppe handelt, während bei Vorliegen zweier oder mehrerer Sardinen- oder Heringsschuppen aus dem Verhältnis Fischlänge—Schuppenlänge nicht festgestellt werden kann, um welche Art oder Gruppe (Laichgemeinschaft) es sich handelt. Zur Unterscheidung solcher Gruppen müssen andere Merkmale herangezogen werden, wobei es möglich ist, unter anderem Schuppenmerkmale zu verwenden (Abstand der Jahresringe, Anlage des ersten Laichringes, weiche [diffuse] oder harte Ringe, charakteristische Erscheinungen bei der Anlage bestimmter Ringe einzelner Jahresklassen usw.). Abgesehen von diesen Merkmalen und einigen, für einzelne Jahresklassen bestimmter Heringsgruppen typische Ringformationen, liefert das Verhältnis Fischlänge—Schuppenlänge zur Bestimmung des Ursprungs und der Zugehörigkeit eines einzelnen Herings zu einer Gruppe keine brauchbaren Daten.

Fisch- und Schuppenlängen der untersuchten Clupeiden-Gruppen bei vollen Jahren und damit die jährlichen Wachstumsraten sind in Tabelle 55 dargestellt. Die Zahlen stellen Durchschnittswerte aller im Fang vorhanden gewesenen Jahresklassen dar. Zeigten die Sardinen und die Heringe unter sich eine weitgehende Übereinstimmung der Schuppenlänge bei jeweils gleicher Fischlänge, so tritt bei gleichem Alter keinerlei Annäherung von Schuppenlängen- oder Fischlängenwerten auf. *Sardinops ocellata* hat bei vollendetem vierten Jahr die durchschnittliche Länge der vierjährigen Islandheringe erreicht, wohingegen *Sardina pilchardus* mit diesem Alter wesentlich kleiner ist. Da das Verhältnis Fischlänge—Schuppenlänge bei den Sardinen — wie vorher besprochen — jedoch ein anderes als bei den Heringen ist, besitzen die vierjährigen *Sardinops ocellata* auf Grund ihrer annähernd gleichen Fischlänge mit den vierjährigen Islandheringen wesentlich größere Schuppen als diese. Die Schuppen der vierjährigen *Sardina pilchardus* hingegen sind, da die Fischlänge bedeutend kleiner als bei gleichaltrigen *S. ocellata* ist, kleiner als bei diesen und auch kleiner als diejenigen der wesentlich größeren Islandheringe. *S. ocellata* wächst bedeutend rascher als *S. pilchardus*, welch letztere niemals die Länge der südafrikanischen Sardine erreicht.

Von den Heringen wachsen die Ostseeheringe bis zum dritten Jahr am raschesten, die Nordnorweger bis zu deren sechsten Jahr am langsamsten. Bei vier Jahren erreichen die Islandheringe eine größere Fisch- und Schuppenlänge als die Ostseeheringe, die Nordnorweger erreichen mit sieben Jahren etwa die gleiche Länge mit gleich alten Kanal- und Bank-Heringen. Alle diese Unterschiede in Fischlängen- und Schuppenlängenwachstum sind auf allgemeine Lebensbedingungen klimatischer und ernährungsmäßiger Art und mindestens zu einem gewissen Grad auch auf erbliche Veranlagung der einzelnen Gruppen zurückzuführen. Daß Außenweltbedingungen auf das Wachstum von Heringen einen entscheidenden Einfluß auszuüben vermögen, hat am eindrucksvollsten BIBOV, 1960, nachgewiesen. 1954 bis 1956 wurden baltische (Ostsee) Heringe in den Aralsee eingesetzt, wo sie ein enorm gesteigertes Wachstum, im Vergleich zu dem ihnen in ihrem früheren Lebensraum zu eigen gewesenen, erkennen ließen:

19 Millionen künstlich befruchteter Heringseier aus der Rigaer und Danziger Bucht wurden am Aralsee erbrütet und ausgesetzt. Die heranwachsenden Heringe laichten erstmals 1957. Nach BIBOV erreichen die Heringe im Aralsee durch besseres Nahrungsangebot das Vierfache des Gewichtes ihrer Eltern und eine entsprechend höhere Eiproduktion als in der Ostsee. Es werden Eizahlen von 10.000 bis 100.000, im Durchschnitt 60.000 genannt, was einem bis fünffach höheren Wert als der Heringe in der Bucht von Riga entsprechen würde. Der Eintritt der Geschlechtsreife wurde durch das schnellere Wachstum nicht vorverlegt. Aus einem Probenmaterial von 154 Stück gibt BIBOV als durchschnittliche Wachstumsraten der Jahresklassen 1954/55 und 1956 an:

11,8   16,4   20,3   23,1   24,8 cm.

Zum Vergleich seien die von RANNACK, 1954, angegebenen Wachstumsraten der Jahresklasse 1949 in der Ostsee, Piarnu Bay, angeführt:

7,5   10,4   12,4   14,9   16,6   18,8 cm.

Aus einer vom All-Union Research Institute of Marine Fisheries and Oceanography/ VNIRO/Moskau, UdSSR, Dr. Ju. Ju. Marty, zur Verfügung gestellten Schuppenprobe von 35 Heringen aus dem Aralsee konnte festgestellt werden, daß sogar das Verhältnis Fischlänge—Schuppenlänge eine Veränderung gegenüber dem der Ostseeheringe erfahren hatte. Etwa bis 26 cm Lt besitzen die Ostseeheringe bei gleichen Fischlängen etwa gleich große, eher um ein Geringes größere Schuppen als ihre im Aralsee herangewachsenen Nachkommen. Nun tritt eine Überschneidung ein, so daß Aralsee-Heringe ab 26 cm Lt größere Schuppen besitzen als Ostseeheringe.

Es handelt sich hier um eine echte Veränderung des Verhältnisses Fischlänge—Schuppenlänge bei ein und derselben Heringsgruppe, welche auf die mehr oder weniger gleichmäßige Dauerwirkung weitgehend veränderter Umweltbedingungen zurückgeführt werden muß.

Der Durchschnitt der Schuppenlänge bei ein, zwei und drei vollen Jahren betrug 2,8 mm, 3,8 mm und 4,9 mm für die Aralsee-Heringe. Der Durchschnitts-Or T der II+-jährigen beim Fang war 4,1 mm, der III+jährigen 5,1 mm.

Es ist jedoch anzunehmen, daß z. B. *S. pilchardus* auch unter veränderten Umweltbedingungen niemals die Wachstumsleistungen von *S. ocellata* erreichen würde, da *S. pilchardus* a priori eine kleinere Größe zu eigen ist, welche als arteigen und damit als in den Erbfaktoren festgelegt gelten dürfte.

Das im Vergleich zu allen anderen Heringsgruppen in den ersten sechs Lebensjahren langsame Wachstum des nordnorwegischen Herings z. B. ist hingegen wieder von seiner Lebensweise abhängig. Der nordnorwegische Hering lebt bis zu seinem sechsten Jahr in küstennahen Buchten und Fjorden, wandert dann in den offenen Ozean. Er findet in diesem neuen Lebensraum höheren Salzgehalt des Wassers und bessere Ernährungsbedingungen vor. Diese Veränderung des Biotops bringt eine gesteigerte Wachstumsleistung mit sich. Im Fall des nordnorwegischen Herings wäre es daher zumindest denkbar, daß das anfangs langsame Wachstum unter anderen Lebensbedingungen eine Steigerung erfahren könnte. Die Wachstumsleistungen von Fisch- und Schuppenlänge sind demnach von einer erblichen Anlage her bis zu einem gewissen Maße vorgegeben, lassen sich jedoch durch Umwelteinflüsse in bestimmtem Rahmen beeinflussen. Es zeigen z. B. die Kanalheringe und die Bank-Heringe ähnlichere Wachstumsleistungen an Fisch- und Schuppenlängen als eine der beiden Gruppen mit irgendeiner anderen; die Wachstumsleistungen des Ostseeherings nehmen einen Verlauf, der keine Ähnlichkeit mit irgendeiner anderen Gruppe zeigt; ebenso verhält es sich mit den nordnorwegischen Heringen. Unterschiede oder Ähnlichkeiten im Verlauf der Wachstumsleistungen von Fisch- und Schuppenlänge der letztlich angeführten Beispiele dürften auf Umwelteinflüsse zurückzuführen sein, wobei nicht beurteilt werden soll, wieweit diese Leistungen, vielleicht durch die Dauer des Einflusses solcher Außenfaktoren, bereits erblich festgelegt sind. Jedoch nur wenn sie tatsächlich erblich festgelegt wären, wäre es berechtigt, die einzelnen Laichgemeinschaften als selbständige Gruppen zu betrachten. Ein Anzeichen für eine derartige Festlegung könnte nicht so sehr in der absoluten Größe von Fisch und Schuppe bei einem bestimmten Alter, als vielmehr im unterschiedlichen Wachstumsrhythmus verschiedener Clupeiden-Gruppen gefunden werden, wie z. B. bei isländischen Süd- und Nordheringen. Der gänzlich anders geartete Wachstumsrhythmus des nordnorwegischen Herings hingegen scheint allein aus dessen Lebensgewohnheit, nämlich erst im fortgeschrittenen Alter das offene Meer aufzusuchen, erklärt werden zu können. Denn nicht alle nordnorwegischen Heringe verlassen erst im siebenten Jahr die küstennahen Gewässer: diejenigen aber, welche früher den offenen Ozean erreichen, lassen mit demselben Augenblick ein gesteigertes Wachstum erkennen. Hiemit ist bewiesen, daß die bloße Veränderung der Umweltbedingungen eine Änderung der Leistungen bezüglich Fischlängen und Schuppenwachstum hervorbringt und die Langsamwüchsigkeit in den ersten sechs Jahren nicht erblich bedingt ist. Das gleiche beweist der bereits angeführte erfolgreich durchgeführte Versuch der in den Aralsee überführten Ostseeheringe. Diese Beispiele legen die Vermutung nahe, daß eine an und für sich vorhandene potentielle Wachstumsleistung von Fisch- und Schuppenlängen je nach herrschenden Umweltverhältnissen und Anpassung an dieselben bis zu einem näheren oder entfernteren Grad erreicht werden kann.

In Tabelle 56 sind die Fischlängen und Schuppenlängen beim Fang der einzelnen Altersklassen aller untersuchten Clupeiden-Gruppen wiedergegeben. Die in der Tabelle aufscheinenden Werte stellen also die mittleren Werte je einer Jahresklasse dar, nicht aber Durchschnittswerte aller Jahresklassen (wie in Tab. 55). Es erklären sich bereits aus dieser Gegebenheit einige bei der vergleichenden Betrachtung mit den in Tabelle 55 aufgeführten Werten als scheinbare Unstimmigkeiten, da einzelne Jahresklassen natürlich einen Wachstumsverlauf erkennen lassen, der sich nicht in allen Fällen mit dem durchschnittlichen Wachstumsverlauf decken muß. So waren z. B. die Durchschnittswerte aller Jahresklassen des isländischen Nordherings bei sechs vollen Jahren 32,5 cm für die Fischlänge, 5,6 mm für die Schuppenlänge, bei sieben vollen Jahren (Tab. 55) war die Fischlänge 33,6 cm, die Schuppenlänge 5,8 mm; die Jahresklasse, die beim Fang V+-Jahre alt war, besaß zu diesem Zeitpunkt eine mittlere Fischlänge von 33,6 cm und eine mittlere Schuppenlänge von 5,7 mm; der Jahresklasse, die beim Fang VI+-Jahre alt war, war eine mittlere Fischlänge von 33,8 cm und eine mittlere Schuppenlänge von 5,9 mm zu eigen. Damit besaßen die Tiere, welche im Fang über das fünfte Jahr hinausgewachsen waren, bereits eine größere Fisch- und Schuppenlänge als der Durchschnitt mit sechs vollen Jahren, und ebenso waren die mittleren Werte für Fisch- und Schuppenlängen der Jahresklasse jener Tiere, welche beim Fang VI+-Jahre zählten, bereits größer als der Durchschnitt aller Jahresklassen bei vollendetem siebenten Jahr. Abgesehen davon, daß eine einzelne Jahresklasse aller Wahrscheinlichkeit nach niemals genau nach dem Durchschnitt wachsen wird, ist das Auftreten ähnlicher scheinbarer Unstimmigkeiten bei der Besprechung der einzelnen Fischgruppen behandelt und sind dessen Ursachen erklärt worden. Im besonderen sei an dieser Stelle bloß nochmals darauf hingewiesen, daß die durchgehend und oft um Bedeutendes größeren Werte für Fisch- und Schuppenlängen der jüngsten im Fang aufscheinenden Altersklassen gegenüber den Durchschnittswerten für nächsthöhere Altersklassen bei vollen Jahren auf den Selektionsmechanismus der Netze zurückzuführen sind.

Die Variationen von Fisch- und Schuppenlängen der Altersklassen beim Fang der einzelnen Clupeiden-Gruppen ist naturgemäß größer, als sie in den Werten bei vollen Jahren auftritt, weil hier mittlere Werte nur je einer Jahresklasse vorliegen und nicht Durchschnittswerte mehrerer Jahresklassen. Durch die Berechnung von Durchschnittswerten mehrerer Jahresklassen wird selbstverständlich ein gewisser Ausgleich der unterschiedlichen Wüchsigkeit verschiedener Jahrgänge herbeigeführt.

Tabelle 54

Vergleich der Schuppenlängen der einzelnen Längengruppen aller besprochenen Clupeiden-Gruppen. Durchschnittswerte jeweils aller Altersklassen innerhalb der Längengruppen (Eichkurvenwerte) und Frequenz innerhalb der Längengruppen.

		cm/Lt																							
		15	16	17	18	19	20	21	22	23	24	25	26	27	28	29	30	31	32	33	34	35	36	37	38	39
Sardinops ocellata	Or T Stück	3,5 4	3,8 12	4,1 13	4,2 11	4,6 8	4,8 28	5,0 49	5,2 84	5,4 147	5,6 192	5,8 226	6,0 199	6,4 93	6,7 98	7,0 41										
Sardina pilchardus	Or T Stück		3,9 4	4,0 46	4,2 50	4,4 20																				
Ostsee-hering	Or T Stück						3,6 2	3,9 7	4,0 9	4,2 14	4,3 29	4,4 27	4,6 25	4,8 27	4,9 28	5,0 29	5,1 30	— —	5,4 1							
Isländischer Nordhering	Or T Stück					3,1 4	3,3 3	— —	3,6 4	3,8 17	4,1 41	4,4 53	4,6 65	4,8 78	4,9 50	5,1 48	5,3 16	5,6 2	5,7 1	5,8 2	6,1 6	6,1 15	6,3 22	6,4 8	6,7 5	6,8 1
Isländischer Südhering	Or T Stück													4,9 12	5,0 49	5,2 49	5,3 27	5,5 11	5,6 5	6,0 2	5,7 1					
Kanal-hering	Or T Stück								4,0 3	4,2 25	4,3 24	4,4 24	4,5 24	4,7 25	4,8 25	4,9 25	5,2 6	5,3 1								
Bank-Hering	Or T Stück								4,2 1	4,3 6	4,4 21	4,6 42	4,8 68	5,0 26	5,2 27	5,3 40	5,4 8									
Nordnorweg. Hering	Or T Stück															5,5 1	5,6 1	5,6 1	5,8 1	— —	— —	6,0 62	6,2 33	6,2 7		

74

Tabelle 55

Vergleich der durchschnittlichen Fisch- und Schuppenlängen bei vollen Jahren der untersuchten Clupeiden-Gruppen.

		Volle Jahre											
		I	II	III	IV	V	VI	VII	VIII	IX	X	XI	XII
Sardinops ocellata	Schuppenlänge Fischlänge	2,9 13,2	4,7 19,4	5,8 24,8	6,6 27,6								
Sardina pilchardus	Schuppenlänge Fischlänge	2,2 10,5	3,3 13,9	3,8 15,9	4,1 17,9	4,3 18,5	4,8 19,5						
Ostseehering	Schuppenlänge Fischlänge	2,5 14,2	3,8 21,2	4,4 25,0	4,8 27,0	5,1 28,3	5,3 29,5						
Isländischer Nordhering	Schuppenlänge Fischlänge	1,6 9,5	2,9 17,0	3,9 22,7	4,9 28,0	5,4 30,9	5,6 32,5	5,8 33,6	6,0 34,4	6,1 34,8	6,2 35,2	6,3 35,6	6,6 36,8
Isländischer Südhering	Schuppenlänge Fischlänge	1,7 9,7	3,2 18,3	4,3 24,4	4,9 27,5	5,2 29,6	5,4 31,0	5,4 31,2					
Kanalhering	Schuppenlänge Fischlänge	2,1 12,9	3,4 19,6	4,1 23,7	4,6 26,4	4,8 27,9	5,1 28,9	5,2 29,6					
Bank-Hering	Schuppenlänge Fischlänge	1,9 10,6	3,1 17,2	4,3 23,2	4,6 25,4	4,9 27,1	5,1 28,3	5,2 28,7					
Nordnorweg. Hering	Schuppenlänge Fischlänge	1,3 7,6	2,1 11,2	2,9 16,9	3,8 22,2	4,3 25,0	4,5 26,6	5,0 29,6	5,3 31,4	5,5 32,5	5,7 33,4	5,8 33,8	5,8 34,5

Tabelle 56

Vergleich der Fischlängen und Schuppenlängen beim Fang der einzelnen Altersklassen der untersuchten Clupeiden-Gruppen.

		I+	II+	III+	IV+	V+	VI+	VII+	VIII+	IX+	X+	XI+	XII+
Sardinops ocellata	Schuppenlänge Fischlänge Stück	4,8 20,0 ·	5,5 22,7	6,1 25,7	6,9 28,5								
Sardina pilchardus	Schuppenlänge Fischlänge Stück		3,8 16,9 24	4,1 17,8 142	4,2 18,3 123	4,4 18,7 25	4,9 19,5 1						
Ostseehering	Schuppenlänge Fischlänge Stück	3,9 22,0 36	4,3 24,6 148	4,7 27,0 126	5,0 28,4 67	5,2 29,2 21	5,5 30,5 7						
Isländischer Nordhering	Schuppenlänge Fischlänge Stück	3,6 22,4 22	4,4 25,4 60	4,7 27,4 285	5,1 28,2 14	5,7 33,6 4	5,9 33,8 1	6,1 36,1 5	6,2 35,8 15	6,3 36,7 4	6,3 36,0 16	6,4 36,3 8	6,6 37,1 3
Isländischer Südhering	Schuppenlänge Fischlänge Stück		4,8 27,6 7	5,0 28,8 81	5,3 29,6 47	5,5 30,8 13	5,7 33,2 4	5,5 32,2 3	— — —	5,8 33,7 1			
Kanalhering	Schuppenlänge Fischlänge Stück	4,0 22,8 5	4,3 24,3 86	4,5 25,7 158	4,8 27,9 71	5,0 28,9 45	5,2 29,9 8	5,3 30,0 7					
Bank-Hering	Schuppenlänge Fischlänge Stück		4,3 24,7 24	4,7 25,8 88	4,9 26,9 47	5,1 28,1 25	5,2 29,1 30	5,4 29,4 22					
Nordnorweg. Hering	Schuppenlänge Fischlänge Stück					5,6 31,7 4	— — —	— — —	5,9 35,6 3	5,9 35,8 8	6,0 36,6 18	6,2 36,2 15	6,2 35,7 51

Alter beim Fang

IV. Zusammenfassung

1. In den Jahren 1957 bis 1963 wurden Untersuchungen des Verhältnisses Fischlänge—Schuppenlänge an Clupeiden ausgeführt. Die untersuchten Arten waren: *Sardinops ocellata*, *Sardina pilchardus* und von *Clupea harengus* die Gruppen Ostseehering, Islandhering (Nord- und Südhering), Nordnorwegischer Hering, Kanalhering und Bank-Hering.

2. Bei allen untersuchten Arten und Gruppen besaßen die älteren von gleich langen Fischen im Mittel größere Schuppen als die jüngeren.

3. Bei einigen Arten bzw. Gruppen waren die Unterschiede in der Schuppenlänge der einzelnen Altersklassen so groß, daß aus einer Schlüsseltabelle, welche das Verhältnis Fischlänge—Schuppenlänge der einzelnen Altersklassen widerspiegelt, direkt das Alter bestimmt werden konnte.

4. Das Alter eines Einzelfisches kann mit Hilfe der Schlüsseltabelle nicht bestimmt werden. Für die Feststellung der Zusammensetzung der Altersklassen in einem Fischstock oder kommerziellen Fang, wie sie für jede Art der Berechnung von Populationsdynamiken, Fangprognosen usw. benötigt wird, liefert die Methode nach der Schlüsseltabelle jedoch Werte, deren Genauigkeit mit den aus der Altersbestimmung auf Grund der Winterringe erhaltenen Werten unbedingt vergleichbar ist.

5. Die Methode der Altersbestimmung nach einer Schlüsseltabelle ermöglicht es, absolut vergleichbare Ergebnisse von verschiedenen Beobachtern, welche an einer Population arbeiten, zu erhalten, weil die Altersbestimmung auf reinen, empirisch erhaltenen Meßwerten basiert und die Subjektivität des Untersuchenden bei der Winterringbestimmung ausgeschaltet ist.

6. Die Altersbestimmung mittels der Schlüsseltabelle kann auch von Kräften, die nicht speziell auf diesem Gebiet geschult sind, ausgeführt werden.

7. Änderungen in der Wachstumsrate einer ganzen Population können die Schlüsseltabelle beeinflussen. Bei Anwendung einer Tabelle über mehrere Jahre ist deshalb jedes Jahr in einigen für den Fang charakteristischen Längenklassen zu kontrollieren, ob eine Veränderung des Verhältnisses Fischlänge—Schuppenlänge stattgefunden hat. Die im normalen Bereich liegenden Wachstumsschwankungen der einzelnen Jahresklassen haben auf die Schlüsseltabelle keinen entscheidenden Einfluß, weil die Relation Fischlänge—Schuppenlänge unverändert bleibt.

8. Bei allen untersuchten Arten und Gruppen konnte eindeutig nachgewiesen werden, daß die als „Leesches Phänomen" bekannte Erscheinung auf einer ganz bestimmten Anordnung des Probenmaterials beruht und nicht in der Natur der Proben liegt. Die für einzelne Fische rückberechneten Längen bei deren erstem, zweitem usw. Lebensjahr werden nicht kleiner, wenn man sie von alten Fischen berechnet als von gleichwüchsigen jungen. Das „Leesche Phänomen" tritt nur dann auf, wenn von vornherein eine Sortierung des Probenmaterials nach Wüchsigkeit vorgenommen wurde. Dies ist immer der Fall, wenn die Proben nach Längen beim Fang geordnet werden, weil sich innerhalb der meisten Längenklassen mehrere Altersklassen überschneiden. Die ein bis mehrere Jahre älteren Tiere sind langsamer wüchsig als die gleich langen jüngeren. Es müssen daher die rückberechneten Werte für L_I, L_{II} usw. im Mittel je größer ausfallen, von je raschwüchsigeren (= in diesem Fall jüngeren) Tieren sie berechnet werden. Bei anderer Probenanordnung verschwindet das Leesche Phänomen sofort.

9. In allen Fällen werden von den jüngsten in den Fang geratenden Altersklassen nur die vorwüchsigen Individuen gefangen, da diese von der jeweils angewandten Netzmaschenweite eher erfaßt werden als die langsamer wüchsigen. Besonders trifft dies bei Treibnetzfängen zu (Selektionsmechanismus). Dadurch ergeben sich für diese Altersklassen in der Regel größere Durchschnittswerte für Fisch- und Schuppenlänge als für die nächst ältere Altersklasse beim

nächsten vollen Jahr. Es sind also z. B. Lt und Or T der II+-Fische (angenommen jüngste Altersklasse im Fang) größer als L_{III} und Or III des nächst älteren Jahrganges, weil der Durchschnitt der jüngsten Altersklasse nur der Durchschnitt der bestwüchsigen, nicht aber der gesamten Altersklasse ist. Naturgemäß ergeben sich bei der Rückberechnung aus dem bestwüchsigen Teil einer Altersklasse auch höhere Werte für L_I und Or I als aus der Rückberechnung einer ganzen Jahresklasse. Mit einem Schrumpfen der Schuppen („apparent shrinkage") älterer Jahrgänge hat dies nichts zu tun.

10. Die Sardinenarten (*Sardinops ocellata* und *Sardina pilchardus*) lassen trotz stark unterschiedlicher Wüchsigkeit eine Ähnlichkeit des Verhältnisses Fischlänge—Schuppenlänge erkennen. Dasselbe gilt für die untersuchten Heringsgruppen (Laichgemeinschaften). Sardinen- und Heringsfische sind allein schon auf Grund des Verhältnisses Fischlänge—Schuppenlänge voneinander zu unterscheiden.

11. Das Verhältnis Fischlänge—Schuppenlänge stimmt im großen sowohl für Sardinen- als auch für Heringsfische selbst dann überein, wenn die einzelnen Arten bzw. Gruppen in unterschiedlichen Biotopen mit unterschiedlichen Lebensbedingungen beheimatet sind. Außenfaktoren beeinflussen dieses Verhältnis nur innerhalb ganz bestimmter Grenzen.

12. Die Wachstumsgeschwindigkeit von Fisch und Schuppe der einzelnen Clupeiden-Gruppen kann durch Außenfaktoren weitgehend beeinflußt werden. Deshalb kann die Wüchsigkeit, wie am besten aus dem Beispiel der in den Aralsee eingesetzten Ostseeheringe zu ersehen ist, nicht als in den Erbfaktoren völlig festgelegt betrachtet werden. Sie dürfte daher als Kriterium der Rassenbezeichnung ungeeignet sein.

13. Da das Verhältnis Fischlänge—Schuppenlänge bei allen Heringsgruppen Ähnlichkeiten aufweist, kann es auch nicht zur Unterscheidung der einzelnen Gruppen (Rassen, Laichgemeinschaften) herangezogen werden.

14. Besonderheiten am Habitus der Schuppen ganzer Gruppen oder einzelner Jahrgänge können zur Erkennung einer bestimmten Heringsgruppe dienen, jedoch nicht in allen Fällen.

Summary

1. During 1957—1963 the relation fish length—scale length on some Clupeid fishes was investigated. The species into which the research was carried out were: *Sardinops ocellata*, *Sardina pilchardus*, and *Clupea harengus*. From the last the groups of the Baltic herring, Island herring (North and South herring), North Norwegian herring, the herring from the English Channel, and the Bank herring were examined.

2. From two or more fishes of the same length at catch—time the older ones had bigger scales than the younger ones in all species and groups of Clupeids under investigation.

3. In some species or groups the differences in scale length of the individual age-classes were significant enough to allow age determinations by use of a key-table, reflecting the relation fish-length—scale length of the individual age-classes.

4. Being a statistical method it cannot be expected to yield an accurate answer if the age of a particular fish is asked. The average values of a large material, however, are good enough for the compilation of age group compositions as they are needed for age analysis, mortality calculations, catch prognosis, and all kinds of population dynamics of a commercially exploited fish stock or population.

5. Findings obtained from one and the same key-table but resulting from different investigators, who might have been working at different places and at different times are absolutely comparable, as they result from objective measurement. This method, therefore, neglects the opinion of the investigator, whether a ring on the scale is a winter ring or not.

6. Measuring scales is quicker and easier than the detection of year rings. It can be done by technical assistants which are not specially trained to read year rings on scales. Especially in tropical fishes which do not show easily readable year rings and, therefore, compilation of age group composition depends widely on the examiners opinion, thus leading to different results if different investigators are operating, this method could be an advantage.

7. The key-table may be influenced by changes in the rate of growth of a whole population. If a key-table is used for more than one year, some checks in the most frequented length groups of the catch are to be made yearly. Variations in the growth of the year classes do no influence the key-table in any way as long as they do not differ from the normal, because the relation fish length—scale length remains unchanged.

8. All the species and groups examined were found to be free of "Lee's phenomenon". It was found that "Lee's phenomenon" only results from the way of grouping the samples and is not inherent to the nature of the samples. Back-calculated fish lengths for their first, second and so on year are not getting smaller when calculated from older fish than from equally growing younger ones in the sample. "Lee's phenomenon" only occurs if the fish in the sample are grouped a priori according to different growths pattern. This is always done, when the fish is grouped according lengths at catch time, because there is an overlap of age-classes within almost all lengths classes. Those fish being one or more years older than other ones show a slower growth rate when they all are one length at catch time. Therefore the back-calculated values for lengths at one, two, etc. years on average must be smaller when calculated from older than from younger (i.e. quicker growing) fish. By grouping the fish in any other way "Lee's phenomenon" disappears immediately.

9. Only the quicker growing part of the youngest age group entering the fisheries is caught. The slower growing part is given a chance to escape through the mesh of the net. This is especially due with driftnet fishing (mechanism of net-selection). As a rule the youngest catchable age-classes, therefore, show bigger values for fish- and scale lengths at catch-time than the average of all year classes at next full year. For instance, if the two and a half year fish is the youngest age-class in the catch, fish- and scale length of these fish will be bigger than the averages of all year classes with three full years. Fish- and scale lengths of the

two and a half year fish are averages of the best growing part of this year-class only and not of the whole year-class. Back-calculated fish lengths for L_I, etc. naturally are bigger than when calculated from a whole (slow and quick growing parts of a) year-class. This phenomenon got nothing to do with an "apparent shrinkage" of scales or whatsoever.

10. Although different in growth the relation fish length—scale length remains very similar in the species of sardines (*ocellata* and *pilchardus*). The same can be said for the herring groups.

11. Relation fish length—scale length for sardine fishes and herring fishes remains similar even when the fish live in different climatic biotops and under different conditions. Outer factors, therefore, do influence this relation only to a rather low degree.

12. The rates of growth of fishes and scales can be influenced by outer factors to a high degree. Growth, therefore, cannot be suggested a transmitted factor nor a basic for race determinations. This can be seen best with the example of Baltic herrings transferred to the Aral-sea.

13. As the relation fish length—scale length is quite similar with all herring fishes it cannot be used for the determination of certain groups (races, spawning groups).

14. Special marks on scales of whole groups or of particular year-classes can sometimes be found helpful to recognise the origin of a herring and show the investigator that a particular fish is belonging to a particular group. Such marks cannot be found in all cases.

V. Literatur

ANDREU, B., RODRIGUEZ-RODA, J. u. GOMEZ, 1950, Contribución al estudio de la talla, edad y crecimiento de la sardina (*Sardina pilchardus* Walb.) de las costas espanolas de Levante. Publ. Inst. Biol. aplic. Barcelona 7, 159—189.

BELLOC, G., 1932, Contribution a l'étude de la Sardine des côtes françaises de l'Atlantique. Revue des Travaux, T. 3, Fasc. 2.

BIBOV, N. E., 1960, ICES, Herring Committee No. 135.

BLACKBURN, M., 1951, "Conditions rings" on scales of the European pilchard (*Sardina pilchardus* Walb.). Journ. Cons. Expl. Mer., 17 (2).

BOUGIS, P., 1952, La croissance des poissons méditerranées. Journ. d'Etudes du Laboratoire Arago. Suppl. No. 2 à Vie et Milieu, Paris.

BOUNHIOL, J., 1912, Sur la determination de l'age de la sarinde algeriénne. C. R. Academie des Sciences T. 154, Paris.

BUCHANAN-WOLLASTON, H. J., 1934, The Theory of Variation, Correlation and Regression. Its Importance in Researches on Proportional Growth. Rapp. Cons. Expl. Mer. 89 (3), 33—44.

BEVERTON, R. J. H. und HOLT, S. J., 1957, On the Dynamics of Exploited Fish Populations. Fish. Invest. Ser. 11, Vol. 19, Ministry of Agriculture, Fisheries and Food.

BÜCKMANN, A., 1929, Die Methodik fischereibiologischer Untersuchungen an Meeresfischen. Handb. d. biol. Arbeitsmethoden, Abt. 9, T. 6 (1), 1—194.

— 1938, Über Methodik-Ergebnisse und Auswertung der Wachstumsuntersuchungen an Nutzfischen. Rapp. Cons. Expl. Mer. 108 (1).

CLARC und PHILLIPS, 1955, Fish. Bull., Dept. Fish. and Game, California 101.

DAGET, J., 1962, Relation entre le taille des écailles et la longeur standard chez les *Tilapia galilaea* (ART) du Moyen Niger. Bull. Inst. franc. d'Afrique Noir. T. 24, Ser. A, 2.

DEBROSSES, P., 1933, Étude de la Sardine de la cote de Bretagne depuis Concarneau jusqu'a l'embouchure de la Loire. Rev. de Travaux, T. 6.

FAGE, L., 1913, Recherches sur la biologie de la Sardine. Arch. Zool. expér. et général., T. 52.

— 1920, Engraulidae, Clupeidae. Rep. Dan. Ocean. Exp. to the Mediterranean and adjacent Seas. Vol. 2, 179.

FRIDRIKSSON, A., 1948, The Icelandic North Coast Herring. Annales Biol., Vol. 9.

FULTON, T. W., 1906, On the Growth and the Age of the Herring. Ann. Rep. Fish. Dept. Scotland, 24, P. 3, Scient. Invest. 12.

FURNESTIN, J., 1946, Contribution à l'étude biologique de la Sardine atlantique. Rev. des Travaux, T. 13.

HELA, I. und LAEVASTU, T., 1960, The influence of temperature on the behaviour of fish. Vanamo 15.

HJORT, J., 1938, Studies of Growth in the North-Eastern Area. Rapp. Cons. Expl. Mer. 108 (1), 2—8.

HODGSON, W. C., 1929, Investigations into the age, length and maturity of the herring of the southern North Sea. Fish. Invest. Lond., Ser. 2, 11 (7).

JAKOBSSON, J., 1962, On the Migrations of the North Coast Herring during the Summer Season in Recent Years with special Reference to the increased Yield in 1961 and 1962. Int. Counc. Explor. Sea, C. M. 1962 Herring Committee, 98.

JENSEN, A. J. C., 1938, Factors determining the apparent and the real growth. Rapp. Cons. Expl. Mer., 108 (1), 109—114.

JOHANSEN, A. C., 1910, Bericht über die dänischen Untersuchungen über den Schollenbestand. Medd. Komm. Havunders. Ser. Fiskeri, 3, 8.

LAPIN, J. J., 1960, Besonderheiten der Populationsdynamik von Fischen mit kurzem Lebenszyklus am Beispiel des Stints. Zool. Z., Moskva 39, 9, 1371—1383.

LARRANETA, M. G. y LOPEZ, J., 1956, Sobre los métodos de medición de la talla de la Sardina. Inv. Pesq. 4, 97—108.

LEA, E., 1910, On the Methods used in Herring Investigation. Publ. de Circonstance, 53, Kopenhagen.

— 1913, Further Studies concerning the methods of calculating the growth of Herrings. Publ. de Circonst. 66.

— 1929, The Herring's scale as a certificate of origin. It's applicability to Race Investigations. Rapp. Cons. Expl. Mer. 54, 21—34.

— 1938, A Modification of the Formula for Calculation of the Growth of Herring. Rapp. Cons. Mer. 108 (1), 13—22.

LEE, R. M., 1912, An Investigation into the Methods of Growth Determination in Fishes. Publ. de Circonst. 63.

— 1920, A Review of the Methods of Age and Growth Determination in Fishes by Means of Scales. Fish. Invest., Ser. 2, 4 (2), 1—32, Ministry of Agr. and Fish.

LE GALL, J., 1930, Contribution a l'étude de la Sardine des côtes françaises de la Mauche et de l'Atlantique. Rev. des Travaux, T. 3 (Rev. Trav. Off. Pêches marit. 3 [1], 19—46).

LONGHURST, A. R., 1961, Trawl fishing in the Tropical Atlantic. Federal Fisheries Service, Lagos.

MEEK, A. R., 1916, The scales of the herring and their value as an aid to investigation. Rapp. of the Dove Marine Laboratory, June 1916.

MOLANDER, A. R., 1920, The Winter Rings in the Scale of Sprat. I. Svenk. Hydrograph. Biol. Komm. Skr., N. S., 2, 7, 1946.

— 1918, Studies in the Growth of the Herring. Svenska Hydrogr. Biol. Komm. Skr.

MONASTYRSKY, G. N., 1930, Über Methoden zur Bestimmung des linearen Wachstums des Fisches nach der Schuppe. Trudy naucnogo inst. rybnogo chozjajstra 5, 1—44.

MONTEIRO, R. und RUVIO, M., 1954, Biologie et Écologie de la Sardine (*Sardina pilchardus* Walb.) des eaux de Banyuls. II. Sur le rapport entre le croissance des ècailles et celle du poisson. Vie et Milieu, 5 (2), 215—225.

MURAT, M., 1935, Contribution á l'étude de la Sardine (*Sardina pilchardus* Walb.) de la Boie de Castiglione. Bull. Trav. Sta. Aquic. et Pêche Castiglione, 2, 95—196.

MUZINIC, R., 1954, Contribution à l'étude de l'écologie de la sardine (*Sardina pilchardus* Walb.) dans l'Adriatiqué orientale. Acta Adriatica, 5, 10.

MUZINIC, R., 1954, Preliminary observations on sardine (*Sardina pilchardus* Walb.) from the West coast of Istria. Acta Adriatica, **8**, 11.
— 1959, On the Rings of Sardine Scales. General Fisheries Council of the Mediterranean **5**, 341—350.
MUZINIC, R. und RICHARDSON, I. D., 1958, On the appearance of Rings on Herringscales. Journ. Cons. Explor. Mer. **24**, 1, 120—134.
NALL, G. H., 1930, The life of the sea trout. London Seeley, Service. 46—50.
NAWRATIL, O., 1953, Zur Biologie der Hechte im Neusiedler See und im Attersee. Österr. Zool. Z. **4** (4/5), 489—530.
— 1961, Studies and Age Composition of *Sardinops ocellata* in the Commercial Catches, 1952—1958. Invest. Rep. of the Administration of S. W. Afr. **2**, 1—39.
— 1961, A new method for the Determination of the Age of Sardinops ocellata. Invest. Rep. of the Administration of S. W. Afr. **2**, 40—43.
— 1962, Eine neue Methode zur Altersbestimmung einiger Clupeiden. Verh. Dt. Zool. Ges. 1962, 629—633.
— 1962, Age Composition of *Sardinops ocellata* in the Commercial Catches 1958 and 1959 with Reference to a Change in the Rate of Growth. Invest. Rep. of the Administration of S. W. Afr. **6**, 1—33.
OTTESTAD, P., 1938, On the Relation between the Growth of the Fish and the Growth of the Scales. Rapp. Cons. Expl. Mer., **108** (1), 23—31.
PAGET, G., 1920, Report on the Scales of some Teleostean Fish with special reference to their methods of growth. Fish. Invest. Ser. 11, Sea Fisheries Vol. **4** (3).
PEVSNER, V., 1926, Zur Frage über die Struktur und die Entwicklung der Schuppen einiger Knochenfische. Zool. Anz. **68**, 302—313.
POLDER, J. J. W., 1961, Cyclical Changes in Tests and Ovary related to Maturity Stages in the North Sea Herring, Clupea harengus L. Archives Neerlandaises de Zoologie **14**, 45—60.
RANNACK, L. A., 1954, Spawning areas, spawning and evaluation of the strength of the Baltic herring yearclasses in the waters of the Esthonian SSR, Trudy VNIRO, **26**.
— 1958, Baltic herring fecundity and factors determining it, Hydrobiol. Invest. Tartu.
ROBERTSON, J. A., 1936, The occurence of Lee's phenomenon in the sprat, and the size-relation between fish and scale. J. Cons. int. Explor. Mer., **11**, 219—228.
SAVAGE, R. E., 1919, Report on Age Determination from scales of young herrings with special reference to the use of polarized light. Fish. Invest. Lond., Ser., 2, **4** (1).
SCHNEIDER, G., 1910, Über die Altersbestimmung bei Heringen nach den Zuwachszonen der Schuppen. Svenska Hydrogr.-Biol. Komm. Skr., **4** (6).
SHERIFF, Ch. M., 1922, Herring Investigation. Sci. Invest., Fish. Board of Scotland, **1**.
STEUER, A., 1908, Materialien zu einer Naturgeschichte der Adriatischen Sardine. Österr. Fischereiztg., **5**, 21—27.
STUDIES AND REVIEWS, 1957, Standardization of Biometric and observation methods for Clupeidae (Especially *Sardina pilchardus*) used in fisheries biology. Stud. Rev. gen. Fish. Coun. Medit., **1**, 1957.
SUND, O., 1911, Undersokelser over brislingen inorske farvand. Aarsberetn. Norg. Fisk. 1910, 357—473.
THOMPSON, H., 1922 und 1923, Problems in haddock biology with special reference to the validity and utilization of the scale theory. Sci. Invest. Fish Board of Scotland, 5 (1922) und 41 (1923).
TIAGO DE OLIVEIRA, J., 1953, Relacao entre os comprimentos de escama e do peixe na Sardinha (*Sardina pilchardus* WALB.). Notas Estud. Inst. Biol. Marit., **6**, 1—6.
WATKIN, E. E., 1933, Studies on the commercial herring shoals of the smalls. Rapp. Cons. Explor. Mer., **84**, 42—62.
WIELINGA, D. T., 1958, Deductive Investigations on the Nature and Origin of Relations between Biological Characters, A Biodynamic Study of Herring, Gromingen.

If you have any concerns about our products,
you can contact us on
ProductSafety@springernature.com

In case Publisher is established outside the EU,
the EU authorized representative is:
Springer Nature Customer Service Center GmbH
Europaplatz 3, 69115 Heidelberg, Germany

Printed by Libri Plureos GmbH
in Hamburg, Germany